「私の生命倫理学ノート」発行にあたって

　ゲノム医療など「先端医学の時代」に入って、現代医学の現場では、医療従事者の倫理的な判断能力がきわめて重視されるようになりました。洋の東西を問わず、人間の倫理行動は人間の本質を理解する目的で多くの哲学者により研究されてきました。倫理観は個人の人格の一部です。集団に共通な基本的倫理観は倫理規範と呼ばれ、倫理規範をもとに社会のルール（法律）が作られてきました。集団が異なれば倫理規範は異なります。しかし、倫理観があまりに異なると友達にはなれません。現代は世界のグローバル化を背景に「倫理規範の国際化」に向かっています。また、医療現場でも先端医療の発達を背景に国民の倫理観は変貌の時代を迎えています。

　本書は現代生命論を背景にした人間の「倫理行動発生仮説」を提唱したうえで、医療現場での利用を目標に、原理原則主義に基づく「実践的な倫理分析技法」を解説しました。哲学的な議論に慣れていない医療従事者にも容易に理解していただくことをめざしました。医療従事者と一口にいっても職種の違いで倫理観は微妙に異なることがあります。医療メンバー一人ひとりの倫理観が異なっていることを前提に、一定の理論と原則に基づく議論を行い、「患者中心の医療」に向けてチームとして一定の結論を導くための技術を学んでいただきたいと思います。

　著者は医学・看護系学生や遺伝カウンセラーをめざす学生を相手に複数の大学で長年にわたって生命倫理学を講義してきました。本書の分析事例の多くは著者自身が臨床遺伝活動の中で実体験した事例を教材にしています。成功例や失敗例など、読者と共に共感しながら学習していくというスタイルをとっています。

　生命倫理学の勉強をされている医療系学生だけでなく、生命倫理に関わる医療分野に従事されている医師・看護師・遺伝カウンセラーその他の医療従事者の皆さんの座右の書としてご利用いただければ幸いです。

　もちろん生命倫理学は医療の独占分野ではありません。現時点でわが国では500を超える倫理審査委員会が組織されていますが、委員会には法律家や一般市民の参加も義務づけられています。従来の哲学的な議論だけではなく、現代生命論を背景とした生命倫理学の思想について、一般の方々からもご批判を仰ぎたいと思っています。

千代豪昭

推 薦 の こ と ば

「私の生命倫理学ノート」出版に寄せて

お茶の水女子大学長　室伏 きみ子

　千代豪昭先生のご著書「私の生命倫理学ノート」の出版にあたり、お茶の水女子大学に設置されたわが国初の大学院（博士前・後期）遺伝カウンセラー養成課程の初代教授として千代先生をお招きし、優れた遺伝カウンセラーの育成と新たな学問分野の開拓に大きなお力添えをいただきました立場から、一文を寄せさせていただきます。

　近年の人類遺伝学やゲノム医学の進展に伴って、個人の遺伝情報を解析し、それぞれに適切な医療を施す個別化医療が日本でも開始されています。また、妊婦の血液を用いることで、簡便に胎児の染色体異常（ダウン症など）や遺伝性疾患を一定の確率で判定できる新型の出生前検査技術が開発され、認定を受けた医療機関のみで実施されるようになりました。その一方で、科学的・医学的・倫理的な裏づけが不足した状況で、規制する法律も作られないままに、遺伝子診断などについての商業的な動きも大きくなっています。しかし、これらの技術が無制限に広がることは、遺伝性疾患などに対する偏見・差別を増大させる可能性もあり、生命の選別にもつながると危惧する声も少なくなく、遺伝カウンセリングが果たす役割はますます大きくなっています。

　長い間、染色体異常や遺伝性疾患には特別なものというイメージが付きまとい、多くの患者が社会からの偏見に苦しめられてきた歴史があります。しかし遺伝子や遺伝性疾患に関する研究が進むに従って、がんや糖尿病など多くの病気にも遺伝的要因が関わっていることも明らかになりました。健常人にも遺伝子の変異は起こりえますし、両親に変異がなくても遺伝性疾患の子どもが生まれる可能性があることもわかってきています。でも、人々の間に遺伝についての十分な理解がない現状で簡単に検査をすることが、当事者にとって本当に良いことなのか、よく考える必要があります。つまり、治療法のない病気になることが明らかになることで、その人

が大きな精神的ダメージを受け、人生が大きく変わってしまうことや、家族や血縁者に思わぬ影響を及ぼすことも考えられ、また安易な堕胎につながる可能性もあって、倫理的な問題が起こることが容易に想像できます。

　問題を抱えている人々やその家族に対して、検査によって何が明らかになり、どんな問題が生じるかについての医学的情報を、正確かつわかりやすい形で提供することが必須であり、また発症した場合に備えて、本人や家族に対して、心理的・社会的なサポートを含めた適切な情報を伝え、納得する医療を受けられるようにサポートすることが重要です。そういった要請に対して、適切に対応する技術が「遺伝カウンセリング」であり、それを担う人材が「遺伝カウンセラー」です。

　私は40年も前にニューヨークに留学していましたが、その折に、医師でない「遺伝カウンセラー」という専門的かつ高度な職業があることを知り、それ以来、日本でも遺伝カウンセリングとそれを担う遺伝カウンセラーが必要になると考えてきました。その後25年もの時間が経ちましたが、国立大学の法人化を機に、日本にも遺伝カウンセラーを養成する大学院課程を創りたいとの想いをもって、欧米の遺伝カウンセラーの方々のお話を伺ったり、教育制度を調べたりしてきました。そして、専門職としての非医師の遺伝カウンセラーの重要性を確信し、当時の本田和子学長のご理解の下で、東京女子医科大学の先生方のご協力を得て、2004年4月に、お茶の水女子大学大学院に「遺伝カウンセリングコース（博士前・後期）」を設置しました。幸い、文部科学省・科学技術振興調整費の支援を受けることができ、基礎遺伝学／同実習、人類遺伝学／同実習、遺伝医学、基礎医学、遺伝カウンセリング学／同実習、生命倫理・医療倫理学、心理学、社会学など、幅広い専門教育の実施が可能になりました。

　お茶の水女子大学の生命科学や心理学・社会学などを専門とする教員が総力を挙げて関わると同時に、わが国の遺伝カウンセラー養成の拠点となることをめざして、当時、わが国の認定遺伝カウンセラーの養成と制度化を導かれた千代豪昭先生（当時、大阪府立看護大学教授）に、本課程の初代教授として着任いただき、日本人で唯一、米国で遺伝カウンセラーの資格を取得された田村智英子さんに助教授をお願いしました。さらに、様々な領域をカバーする数名の講師の方々にも参加いただいて、日本初の大学院修士・博士課程における5年制の遺伝カウンセラー養成課程が立ち上がりました。

当時すでに欧米では遺伝カウンセラーは専門職種として確立されており、アメリカでは 29 の大学院に養成コースがあって、2000 人余が医療現場で活躍していました。わが国でも、15 年前のお茶の水女子大学大学院での課程設置を契機に、これまでに 15 大学の大学院に養成課程が設置されており、2017 年現在で約 220 名の認定遺伝カウンセラーが活躍しています（その 30％がお茶の水女子大学の卒業生です）。お茶の水女子大学の養成課程は、実務者を育てるのと同時に、指導者・教育者を育成することを目的としていましたので、最初は上記のように、5 年一貫教育という体制で出発しましたが、その後に設置された大学では 2 年制の課程が作られたことから、設立 8 年目から「2 年＋ 3 年」という形になり、現在に至っています。すでに博士号を取得している卒業生が 6 名、そのうち 3 名が大学で教鞭を執っており、指導者・教育者も育っています。こうして、お茶の水女子大学が時代の流れを見越して、遺伝カウンセラー養成課程を立ち上げ、わが国の遺伝医療における遺伝カウンセリングを牽引してきたことは、私たち関係者にとって大きな誇りにもなっています。

　ただ、高度な知識と技術を身につけ、倫理的・社会的な広い教育を受けた、優れた遺伝カウンセラーを国家資格化したいと、日本学術会議会長でいらっしゃった故・金澤一郎先生をはじめとして、多くのゲノム医学に関わる先生方が努力してきて下さいましたが、いまだ国家資格化されていない現状があります。

　そんな状況下で、前述のように、ゲノム医学の進展に伴って、遺伝カウンセリングの必要性が広く認識されるようになって、遺伝カウンセラーの需要が急激に高まり、その人数の確保が急務になっています。新型出生前診断の実施などに伴い、医療機関や検査企業などから引く手あまたの状況となっているうえに、教育・研究機関や行政の場でも需要がますます高まることが予想されます。

　そして昨今、人材不足を打開するために、医療従事者への簡単な研修や短期的なコースの立ち上げによって、促成栽培のように遺伝カウンセラーを養成しようとする動きもあり、これまで優れた人材を育て社会に輩出するために、またわが国のゲノム医学が間違った道を歩まないように努力を重ねてきた関係者たちは、この職業の質保証や社会への波及力の点からも、危機感を覚えています。

　欧米と比較して、わが国では、遺伝カウンセラーと遺伝カウンセリング実施施設の数はきわめて少なく、また人材も施設も都市部に偏在しているのが現実です。促

成栽培でない質の高い人材育成を進めるためには、人類の将来をも左右するかもしれないその重要性に鑑みて、国が真剣に支えることを考えて欲しいと思いますし、遺伝カウンセラーの国家資格化も必要です。一日も早く、わが国のすべての地域で、すべての人々が、必要に応じて信頼できる遺伝カウンセリングを受けられるようになる社会がくることを願ってやみません。

なお、千代先生はお茶の水女子大学における養成課程立ち上げの最初の5年間にわたって、学生たちの教育に全力を注いで下さいました。そして、学生たちが遺伝カウンセリングを学ぶにあたって、生命倫理を学ぶことの重要性を常に説いていらっしゃいました。その後も、社会におけるゲノム医療への理解増進のために努力を続けていらっしゃいます。

本書には、ご自身の経験に基づいて、お茶の水女子大学で学生たちに講義して下さった内容も含まれています。是非、多くの方々に手にとっていただき、人類の将来のためにも、生命倫理を基盤とした優れた遺伝カウンセラーを社会に輩出し続けることの重要性に想いを馳せ、遺伝カウンセラーたちを支援していただきたいと思っています。

略歴

1970年　お茶の水女子大学理学部生物学科卒業

1976年　東京大学大学院医学系研究科博士課程修了（医学博士）

1983年　お茶の水女子大学理学部／大学院 助手
　　　　（講師、助教授、教授、理事・副学長を経て）

2015年　同大学　学長

お茶の水女子大学長
室伏 きみ子

その他：日本学術会議会員、ルイ・パスツール大学（仏、現・ストラスブール大学）客員教授、フランス共和国教育功労章シュヴァリエ勲章受章

主な著書：ストレスの生物学－ストレス応答の分子メカニズムを探る（オーム社、2005）、やさしい細胞の科学（同、1999）、図解生命科学（同、2009）、こぐま園のプッチー（冨山房インターナショナル、2005）、生物はみなきょうだい（同、2007）、ありがとう（同、2016）など

生命倫理学を学ぶための副読本

私の生命倫理学ノート

－医療現場における倫理分析の原理と演習－

目次　生命倫理学を学ぶための副読本　私の生命倫理学ノート　－医療現場における倫理分析の原理と演習－

はじめに

　本書の執筆方針ですが、通常の教科書的な構成は採用していません。私自身の体験をもとに読者と一緒に考えながら、生命倫理学の世界に入っていきたいと考えたからです。本書の目的は教科書ではなく、副読本としての役割をめざしました。背景として第1の理由は、すでに立派な生命倫理学の教科書が多数出版されているからです。第2の理由として、私は自分の医療現場の体験から生まれた生命論的な人間の倫理行動発生仮説を提案したうえで、現場の倫理分析にすぐに役立つ技術理論を書きたいと思いました。このために私の専門である人類遺伝学や生命科学の体験を基にビーチャムの倫理学や遺伝カウンセリングの理論を採用しました。最後に第3の理由があります。かつて私はある大学で神学部と社会福祉系の大学院生を対象とした生命倫理学の講義を依頼され、気軽に引き受けたことがあります。当日、その大学に行き、教室に入った私は、20名ほどの学生さんに混じって、1番前の席に、かつて論文を読んだことのある著名な倫理学者が座っているのに気づきました。その大学の哲学科の教授と何名かの教室員の皆さんでした。「えっ、うそっ！　話が違う」と私は頭の中が真っ白になりました。私は臨床現場で多くの倫理的体験をしてきたつもりですが、けっして自分が生命倫理学の専門家とは思っていません。むしろ、哲学の専門家の話を聞かせてもらう立場です。専門家の前で講義ができるわけがありません。仕方ないので「ままよ」と腹を決め、準備してきた生命倫理学の講義資料を差し替えて、自分が経験した臨床事例について倫理的な判断を加えながら2時間ほどの講義をしました。講義が終了して、恐縮する私に対して、その教授は「先生の講義はすべて実際の体験からお話をされている。私たちは紙に書かれた資料をもとに分析をしています。この差はとても大きく、私たちには越えることができません。今日は本当に勉強になりました」とお世辞を述べられました。

　それから、私は「自分の体験をもとに倫理分析を行う講義法」に執着しています。本書もその考えで執筆しています。ただ、用いた事例は相当に昔の経験も含めて個人情報が特定されないよう、色々な配慮をさせていただいていることは許してください。看護や遺伝カウンセリングを学んでいる学生だけでなく、医師をはじめ医療従事者の方々が、正式な生命倫理学の教科書とは別に「副読本」として本書を読ん

はじめに

でいただければ幸いと思います。

生命倫理学への誘い

1 プロローグ 私の「シャドウライン」

生命倫理学って、どんな学問なのでしょうか。高校で習った倫理学とどう違うのでしょうか。倫理と道徳は同意語なのでしょうか。人類遺伝学や臨床遺伝学を専門領域としてきた医師である私は、主として看護教育や遺伝カウンセラーの養成教育の現場で生命倫理学を講義してきました。これから生命倫理学を学ぶ皆さんに、少しでも役に立てばと思い、いつもの講義口調で生命倫理学を語りたいと思います。

まず初めに、私が小児科医となって4年目に体験した「私のシャドウライン」*についてお話しましょう。

私は卒後3年目（1973年）に神奈川県立こども医療センターの遺伝科シニアレジデントとなりました。当時、小児病院で独立した遺伝科が開設されているのはここだけでした。学生時代から人類遺伝学に興味をもっていた私にとって遺伝科は専門的な勉強ができる場でした。誘いを受けてすぐに応募し、遺伝科の初代のシニアレジデントとなりました。レジデントとは、病院内にある宿舎に寝泊まりする「住み込み」の研修医です。神奈川県立こども医療センターは当時、卒後研修や専門医研修を目的にした独自のレジデント制度を設けていました。病院は朝9時から診療が始まりますが、レジデントは8時前からセミナーや打合わせがあります。外来、病棟、ジュニアレジデント（卒後1、2年目の卒後研修医）の指導、研究検査、当直研修と24時間フルタイムで多忙な毎日でした。

＊「シャドウライン」は海洋小説で有名なコンラッドの作品名。若者が、一つの出来事に遭遇してその後の人生が大きく変わる姿を、日の当たる場所と影との間の境界線に例えて題名にした小説。

シニアレジデントは専門医をめざす研修医で、遺伝科の部長である松井一郎先生、2年目には黒木良和先生が加わり、日本の遺伝医療体制を築いたパイオニアのお二人から指導を受けました。お二人は小児科医として「どんなに忙しくても夕飯は家族と一緒にとる」という主義で、夕方5時過ぎにはいったん帰宅されました。しかし、黒木先生は20時頃には再び研究室に現れ、夜中の0時頃まで仕事をされました。松井先生は真夜中の0時頃に研究室に現れ、朝の4時頃まで仕事をされ、ソファーで仮眠してから朝9時から診療を開始されるのが常でした。真夜中の0時頃に仕事を終えた黒木先生と、研究室に到着したばかりの松井先生は毎日のように30分ほどお茶を飲みながら専門的な話題について「真夜中のディスカッション」をなされました。私は二人の議論を聞くのが毎日の楽しみでした。私はその後、松井先生の仕事を手伝ったり指導を受けることが多かったので、宿舎にもどるのはたいてい明け方の空が白む時間でした。今から考えると信じられないほどハードな毎日でしたが、若かったこともあり、楽しくてたまりませんでした。

小児病院での研修についてお話します。例えば、ダウン症という染色体異常を皆さんはよくご存知ですよね。出生児の数百人〜1000人に1人はみられます。しかし、一般臨床を行っている小児科医は一生で何人くらいのダウン症の子どもたちに主治医として出会うでしょうか。医学的な問題をもつ子どもが必ずしも多くないことも原因ですが、10名を大幅に超えることは少ないのではないかと思います。遺伝科では週に2回ほど、専門外来としてダウン症外来を設けていました。毎週のように10名を超えるダウン症の子どもをもった家族に対応します。1年も経ちますと、生まれたばかりの新生児から成人の患者さんについて、色々な問題について学ぶことができます。先天異常や遺伝性疾患は、種類はきわめて多いのですが、個々の頻度はとても珍しいものが多いのです。一般病院の小児科では一生に一回出会うかどうかというような希少疾患が小児病院の遺伝科には毎日のように全国から紹介されてきました。診断を行い、予後を予測し、家族や主治医に情報を提供するのが主な仕事です。ちなみに私が赴任した翌年（1974年）には染色体検査が健保適応になりました。自分の知識が日に日に豊富になっていく実感に、知らず知らずに「酔って」いったのです。

現代では臨床遺伝部とか遺伝子診療部と呼ばれることが多いのですが、遺伝科には病棟の義務もあります。神奈川こども医療センターは小児専門病院ですから、多くの専門科に分かれています。専門は臓器別に分かれていることが多いのですが、遺伝的背景はすべての臓器に関わる基礎的な背景の一つです。遺伝的背景は治療の

選択や予後にも大きく影響する情報ですので、各専門科の主治医から遺伝科にコンサルトの要望（対診依頼）が届きます。ジェネティックラウンド（遺伝回診）と呼んでいましたが、遺伝科の重要な仕事でした。教育的な背景からでしょうが、最初に診察に出向くのはシニアレジデントである私の役割でした。主治医（私より遥かに先輩医師です）から説明を受け、患児の診察を行います。必要に応じて家族から情報を入手したり検体を採取することもあります。データを遺伝科に持ち帰り、松井・黒木先生やジュニアレジデントとカンファレンスを行うこともありますが、最後には遺伝学的な診断を下さねばなりません。はっきりとした診断を下すことができた場合は、病気の説明、文献的なデータやエビデンスを基にした治療方針、予後の予測、家族への遺伝カウンセリングの方針など、主治医に対して細かな情報提供を行います。卒後 4 年目の新米医師が、先輩の主治医や部長級の先生方の前で説明する「この一瞬」が私にはたまらなく「誇らしかった」のです！！。遺伝科に赴任して 1 年余りで、私の「鼻」は相当に高くなっていきました。

　そんな時、私の自信が「打ち砕かれる」ような事件が起こりました。それは遺伝科に赴任して 2 年目の 6 月の「ある土曜日の晴れた日の朝」のことでした。朝の 9 時に研究検査室の電話が鳴りました。私が電話をとると、新生児科の部長の K 先生からでした。「昨夜、ダウン症と思われる新生児が緊急入院しました。十二指腸閉鎖があるのだけど、もしダウン症なら手術しないと外科が言っている。大至急で確定診断をして欲しいのだけど、何日かかる？」との問い合わせでした。現代でしたら中心静脈栄養などで患者の命をもたすことが可能ですが、当時は栄養剤の点滴しか方法がなく、完全な消化管閉鎖の赤ちゃんは条件によっては 1 週間以内で亡くなるのが普通でした。私は「それでしたら、本日の夕方までには結果を出しましょう」と大見えをきりました。K 先生は「えっ、そんなに早くわかるの？」と不審そうでしたが、私は「大丈夫です」と自信満々で答えました。この時も私の「鼻」は高くなっていたのでしょう。
　実はこんな背景があったのです。ダウン症の確定診断は当時は染色体標本を作って 21 番染色体が 3 本（トリソミー）あることを確認しなくてはなりません（現代では DNA 診断や細胞レベルの診断で半日で結果が出ます）。そのためには静脈血を採血して 48 〜 72 時間のリンパ球培養をしなくてはなりませんが、もし骨髄血を培養すると 4 時間くらいで染色体標本を作ることができます。骨髄培養からの標本作製は私はまだ練習中の技術でしたが、普段から、いざという時にはすぐに対応で

きるよう準備をしていました。本当は早く実地臨床で試してみたくてたまらなかったのですが、静脈血で検査ができるのに、赤ちゃんへの負担が多い骨髄穿刺をわざわざ行う機会がなかったのです。K先生の依頼で、「しめた、これはチャンスだ」と思ったのですね。私はすぐに新生児病棟の詰所の看護師に「マルク（当時は骨髄穿刺のことを和風ドイツ語でマルクといいました）を行うから介助（術前の準備と施術中の手伝い）をお願いします」と電話し、培養液など必要な材料をキャスターに積み込んで新生児病棟に向かいました。

　当時は新生児集中治療室（NICU）に入室する時、外科の手術室に入室するのと同じように下着だけになり、厳密な手洗い、ガウン、帽子とマスクの装着が必要でした。新生児医療は当時、まだ黎明期でガウンテクニックも厳重だったのです。
　ところがその後の一時期、ガウンテクニッは緩和されました。皆さん、背景はご存知ですか。鳥類のカモは卵から孵ったヒナが「最初に見たもの」を親として認識するという生理学的な「刷り込み現象」が確認されていました。厳密なガウンテクニックが行われていた新生児医療の現場で、帽子やマスクをした医療従事者や家族の顔を「初めて見た」新生児の気持ちはどんなでしょうか。発育に影響があってはいけないとイギリスを中心に過度のガウンテクニックが廃止されました。しかし、多剤耐性菌など院内感染が問題となり、現代では昔ほど厳格ではありませんが、再びガウンテクニックが復活しています。

　さて、手洗いや着替えももどかしく感じながら、私は前室からNICU室に通じるドアを開け、入ろうとしました。ドアを開けたとたん、2人の若い看護師が私の前に立っていました。普段からよく顔見知りの看護師でしたが、いつもと表情が違います。すごく真剣な顔つきなのです。1人の看護師が「先生、今日は診断をされるのですか」と聞きました。何のことかわかりませんでしたが、もしかしたらと思いつき、「ああ、ごめん。時間がなかったので電話でマルクをするって指示したのだけど・・」と応えました。教育病院ということもあり、看護師への指示は指示簿を介するのがルールで、電話による口頭の指示は禁止されていたのです。このことを叱られたのかなと思ったのです。
　「そんなことではありません。もし先生がダウン症と診断されたら、あの子は手術を受けられなくて死んでしまうのですよ。それでも診断されるのですか」という思いがけない言葉が返ってきました。私はK部長から依頼を受けた時からその時

まで、そんなことは一度も考えていませんでした。これまで、遺伝科の医師として、多くの子どもの診断をしてきました。それが自分の専門性と誇らしく思っていたのです。診断された後、その子どもたちがどのような運命をたどるかなど、考える余裕もなかったというのが本音なのです。当時はまだ医師になって4年目で、私は看護師にどう対応したらよいのか、頭の中が真っ白になってしまいました。しばらく言葉もなくぼう然と看護師たちとにらみ合いが続きました。

異変に気づいたNICUのT看護師長が飛んできました。自分の出身を示す日本赤十字のレッドクロスのバッジをいつも胸につけた、元気の良い、ベテランの看護師長さんでした。私は普段から仲良くしていましたが、若いレジデント医師からは厳しい指導のためとても「恐れられて」いた「婦長さん」でした。T師長は2人の看護師を「あんたたち、何をやってるの!」と大声で叱り、私に向かって「看護師たちとは後で話し合いをもちます。先生は先生の義務を果たしてください」と私を問題の新生児のコットン・ベッドまで案内してくれました。可愛い女の子の新生児で、一見してダウン症であることがわかりました。私は、まだ気が動転していて、骨髄穿刺どころか採血もできませんでした。

さて、ここで皆さんに質問します。この看護師たちの言い分は「もし、検査してダウン症とわかったら、この赤ちゃんは手術が受けられないで死んでしまう。それは不当だから診断をしないで欲しい」ということです。これについて皆さんはどう思いますか。私はK新生児科部長から検査の依頼を受けたとき、「もしダウン症なら手術しないと外科が言っているので」という言葉を気にも留めず、聞き流していました。今回の事例は一般の産院で出産し、十二指腸閉鎖ということでセンターに緊急搬送されたのです。産院でダウン症が疑われたかどうかはわかりませんし、家族にその可能性を伝えたかどうかもわかりません。しかし、私は「子どもを取り上げた産科医はわかっていた」と思っています。厳密には医療は患者と医師の「医療契約」に基づいて行われます。センターに緊急搬送された理由は、十二指腸閉鎖があったからです。十二指腸閉鎖などの外科的処置は一般産院ではできないからです。当時は、もし手術をしないと赤ちゃんの命は数日しかありませんでした。

さて、センターの外科医が新生児科の部長に「ダウン症なら手術しない」と言ったのは、おそらく家族と外科医の間で交された「医療契約」に基づくのでしょう。

だとしたら、なぜダウン症なら手術ができないのでしょうか。この話は今から40年以上昔の出来事です。確かに当時の技術では染色体異常をもった子どもの手術が健常な子どもより成功率が低かったことは指摘できるでしょう。しかし、放置すれば死が確実な場合でも、少しでも可能性があればチャレンジしてきたのが医学の歴史です。おそらく、関係者に「障害児は生きて欲しくない」という思いがあったことが考えられます。このことに看護師たちは疑問を感じたのでしょう。

　私の役目は、「もし診断が間違っていたら『助けるべき（?）命』を失うことになる。だから確定診断を行うのだ」と自分の行為を正当化していましたが、看護師の目には「障害の有無で助けるべき命と助けない命を分けるのか。医師が障害児の差別に手を貸しているのと全く同じだ」と映ったのでしょう。

　では、ダウン症だとわかったら、手術をしないという選択はどこから「正当化」されるのでしょう。手術が難しいからでしょうか。その理由もあるかもしれませんが、おそらくそれだけではないでしょう。障害児を育てるという労苦から親が免れるためなのでしょうか。新生児の人間性はまだ未熟なので両親に治療の選択権があるということでしょうか。知的障害など、予測される障害が人間性の否定につながると考えたからでしょうか。少なくとも新生児は自分の意志を主張しないので、成人の医療とは異なる点があります。でも、医学生時代に学んだジュネーブ宣言では医師はいかなる場合でも患者の命を守るのが責務でした。

　実は、当時の私は倫理的な判断が未熟で、どうしたらよいのかわからなかったのです。ただ、「この仕事はしたくない」という「逃げ」の気持ちで一杯になりました。NICUをほうほうの体で退出すると、すぐに部長室の松井先生を訪ねました。経過を説明し、「先生、私をこの担当から外してください」と言ったのです。松井先生は私の話を黙って聞いて、一つのエピソードを話しはじめました。

　「国立のある小児病院で、生後1週間目にダウン症の心臓手術が行われた。手術は大成功で、子どもは元気に退院し、ご夫婦も大変喜んだ。予後も良好で主治医はすべてうまくいったと思っていたら、子どもが5歳になった昨年、夫婦は国と病院を告訴しようとした。『心臓は治ったがダウン症としての障害は残った。こんなに苦労するなら手術しなかった』という理由で、『医師の告知義務違反』というのが告訴理由だった。」

少し、説明が必要です。現代では重篤な心臓疾患をもったダウン症でも生後すぐに手術に向けて計画されるのが普通なのですが、40年前は、ダウン症の心臓手術は小学校入学前くらいに「考慮」されるのが一般的でした。ですから、心臓疾患のために死亡するダウン症は多く、そのこともあって、生まれたダウン症の子どもの半数は10歳頃までに死亡するのが普通でした（現在では1歳児のダウン症の平均余命は50歳を越えています）。松井先生の話に出てきた事例の心臓手術は生後すぐに行われたのですが、当時としては画期的なことでした。このようなチャレンジがダウン症の子どもたちのQOLの向上や福利に大きな貢献をして現代に至っています。また、当時は早期訓練や保育の環境は整っておらず、今ではウソのような話ですが、「言葉が出てこない」ダウン症の子どもたちも珍しいものではありませんでした。一般の小学校で受け入れてくれるのは東京や大阪のごく一部だけで、多くの子どもは養護学校に行くのが普通でした。

　この事例では、おそらく主治医は手術前の説明で、ダウン症の子どもの発育の予後や社会対応について話をしたのでしょうが、ご両親は十分に理解できなかったのかもしれません。手術が成功して喜んだ夫婦も、子どもが育っていく過程で、障害をもった子どもの社会環境の悪さに絶望感をもって、告訴に至ったのだろうと思います。「告知義務違反」は現代では「インフォームドコンセントの欠如」と言うとわかりやすいかもしれませんね。遺伝カウンセリングもまだ普及していなかった頃の話です。

　さて、松井先生は言葉を続けて、「この事例については示談が成立した。裁判には時間がかかるし、病院が勝訴してもご夫婦や子どもにつらい思いをさせる。もし病院側が敗訴すれば障害児のケアや手術をめぐって重大な誤解が拡がる恐れがある。良いことは何一つないとの考えだった。ただ、手術をした医師は『手術の成功はこれからの医療に大きく貢献するだろうし、家族にも喜ばれ、とても善いことをしたと思っていた。訴えられたことにより、家族が苦しんでいたことを初めて知り、大変ショックを受けた』そうだ。ただ、夫婦の気持ちとしては、今回の告訴騒ぎは、障害児をめぐる社会の冷たさに一石を投じるのが目的で、主治医にはとても感謝していたと聞いている。」

　当時、神奈川こども医療センターでは外科の医長を中心に、「キャラバン隊」と

称して月に一度、院外の保健所など子どもたちの住んでいる地域を廻っていました。子どもたちが地域でどのように生活しているか、親や家族がどのような気持ちで毎日暮らしているか、病院内ではわからないということで、「実はこの事件が『きっかけ』になって現在の活動になったのだ」と松井先生は話されました。

　「さて、この事例から考えても今回の手術についてご両親がどう考えているかが重要なポイントだ。君はご両親の気持ちの確認もしないで、医療従事者だけで医療が行えると勘違いしていないか」とおっしゃられました。さらに、「現代医療は正確な診断のもとに治療方針が決定されなくてはならない。『検査結果によっては、治療が行われない可能性があるから』という理由で、検査を拒否する看護師の考え方は現代医療の方法論にそぐわない。その意味では検査前から『ダウン症なら手術をしない』と誤解されかねない外科の言い方にも問題が残る。教育病院であるセンターの方針からも『障害児は救命手術をしない』と誤解されるような発言は許されない。」

　「そこで、まず通常の検査を行い、結果が出たら新生児科、外科、NICU の看護部、それと遺伝科で『委員会』を作り、治療方針について検討しようではないか。最終的には家族の合意が絶対に必要である。交渉は遺伝科の仕事だよ」とおっしゃり、新生児科と外科に申し入れを行ってくれました。

　現代医療の現場では、倫理委員会＊がこの『委員会』の役割を果たしますが、当時としては「委員会の設置」は画期的だったと思います。それから、少し追加の説明をしましょう。現代医療ではインフォームドコンセントの取得は医療契約を結ぶうえできわめて重要な要件です。ただ、インフォームドコンセントの取得義務を省くことができる「特殊な」場合もあります。

　例えば、交通事故に遭遇して通行人が倒れていたとします。たまたま通りがかった医師であるあなたは「すぐに人工呼吸と心臓マッサージが必要」と判断しました。意識がない本人の承諾を得ることができませんので、電話番号を調べて家族に「心臓マッサージなど救命治療をやってもよいでしょうか」と承諾を得る必要があるで

＊本書では「倫理委員会」という用語が各所に出てきますが、医療現場では近年「倫理審査委員会」という用語に統一される傾向があります。しかし倫理委員会は医療以外の部門でも使われるようになりましたので、本書では「倫理委員会」に統一しています。

しょうか。もちろん、そんな必要はありません。事後の報告は必要ですが、「患者が死に瀕している場合は医師は直ちに対応する義務」が優先されるのです。なんらかの理由であなたが医師であることがわかり、周囲から処置を依頼されて拒否すると、拒否の理由によってはあなたは罪に問われる可能性があります。

では、「十二指腸閉鎖をもった赤ちゃんが死に瀕している。すぐに手術をしなければ助からない。主治医は家族の承諾を後回しにして手術に踏み切ることができるか」という問題です。赤ちゃんを助けたいという医師の気持ちはわかりますが、もし裁判になれば、「家族の承諾を得る時間的余裕がないような緊急事態とは言えない」ということで医師の告知義務違反と判断されるでしょう。40年前でも現代でも状況は同じです。

さて、問題の赤ちゃんは通常どおり静脈血から採血され、染色体検査の結果、3日後には標準型ダウン症であることが判明しました。すぐに委員会が開催され、私も遺伝科担当医として出席しました。委員会では外科から「両親が手術に同意していない」という事実が伝えられましたが、「それでも手術をするべきだ。そのために両親の承諾が必要。了解を取る説得は普段から染色体に障害がある子どもたちの臨床や家族との対応経験が豊富な遺伝科が行うのがよい」という結論になりました。一時は「この仕事はしたくない」と思った私でしたが、逃げることはできませんでした。

その赤ちゃんはNICUで生命の維持が試みられていました。一方、母親も体調を崩し、周産期部に入院していました。私は周産期部の許可をとって、手術の説得にあたることになりました。母親の病室には母方の祖父母2人と、兄妹という方が1人付き添っていました。私は周産期部の看護師に案内してもらって病室に入ったのですが、なんと私が入室するなり、2人の祖父母がリノリウムの床に「土下座」して、「先生、手術をしないでください」と嘆願したのです。医師の権威が現代よりまだ多少は高かった当時としても、私にとって初めての体験でした。思わぬ出来事に、また私の頭は真っ白になりました。気を取り直して、「まず、お話を伺いたいと思います」と対応しました。

母親は泣き崩れるだけでしたが、祖父母の話を要約すると、「娘はある旦那の妾（めかけ）で、障害をもった子どもが生まれたら、娘は生活の糧がなくなる。自分たちが育てられればよいのだが、その甲斐性もない。子どもには可哀想だけど、死

んでもらうしかない」と言うのです。

　今の学生さんには妾（めかけ）は理解できないでしょうね。「愛人」といったらわかるかもしれませんが、当時の「妾」と「愛人」は少し異なります。お金持ちの旦那が住居を用意し、月々の生活費を渡しているのです。「2号さん」という言い方もありました。もちろん、わが国では違法ですよ。このような非合法な婚姻関係では、妾は社会的にきわめて弱い立場です。障害をもった子どもが生れると旦那は離れてしまうでしょう。

　とは言え、この祖父母の話は「随分と自分勝手な言い訳」には違いありません。生まれた子どもに罪があるわけではありません。家族に愛され、幸福に育っている多くのダウン症の子どもを見ています。当時の私はまだカウンセリングの技術など全くもっていなかったのですが、真心を込めて説明をさせてもらいました。しかし、4人を相手に1人で説得するのはむずかしいものです。その日はどうしても手術の同意が得られませんでした。私は作戦を変え、1対1で母親を説得しようともしました。また、夫にも会わせて欲しいと頼んだのですが、最後まで「それは困る」と拒否されました。昼間は祖父母を相手に、早朝や夜間には母親1人に対面して「情に訴え」たり、「なりふり構わない懇願」、「半分、脅迫じみた説得」まで行ったのです。上司の松井先生にも「説得がうまくいきません、なんとかして下さい」と助けを求めました。でも松井先生は、「君が自分で乗り切らなくてはならない課題だ」と「表立って」は助けていただけませんでした。おそらくは教育のための親心だったのでしょう。

　そして、私が説得を開始してから3日目に問題の赤ちゃんが亡くなったという報告をNICUから受け取りました。私は母親に会い、今回は残念だったこと、また「何とか赤ちゃんを助けようとの思いから、かえって奥様につらい思いをさせてしまったこと」を謝りました。

　この出来事は、遺伝専門医をめざしていた私に大きな影響を与えました。それまでの恵まれた環境で勉強できる喜びと自信にあふれた毎日が大きく変わったのです。自分の未熟さや社会に対する義憤ももちろんですが、カウンセリングや倫理学を学び直さねばという新しい課題も生れました。出来の悪い新米医師を育てようと、おそらくは「ハラハラしながら」見守もって指導してくださった松井先生をは

じめセンターの先生方や看護師にも感謝しています。

　さて、この話の「看護師の態度」についても、言及しておかねばなりません。松井先生は検査を拒否する態度は「現代医療の方法論に反する」とおっしゃいました。当時は私もその通りだと思いました。その後、20年近く経過して、私は看護大学に勤務しました。看護学という新しい分野に触れて、医師と看護師の役割についても学びがありました。看護学では看護診断という領域があります。医学における医学診断と概念が違います。医学では「病気の原因」をつきとめるのが診断ですが、看護学では患者の「治癒に向かう力を助ける条件と阻害する条件を分析する」のが看護診断です。人間にはもともと「治癒に向かう力」があるのだと考えるのです。主として北米看護協会を中心とした近代的な看護学に由来した思想です。看護診断に基づいて看護計画を立案し、実行する過程を看護過程といいます。治癒を促進する条件を整えること、阻害する条件を取り除くことが看護行為なのです。医師による「治療行為」はそれらの条件の一つに過ぎません。昔は医療の主役は医師で、看護師は医師のお手伝いと考えられた時代もありました。当時は看護師はパラメディカルスタッフと呼ばれていましたが、現代ではコメディカルスタッフと呼ばれます。現代医療では、看護師の医師の介助業務は補助的看護業務と呼ばれ、看護業務の一部に過ぎません。このような現代看護思想からは、もし医師の治療行為が患者の治癒を妨げていると判断された場合はすぐにその旨を医師に告げ、治療を変更させねばなりません。今回の出来事で、2人の看護師は「もし検査で確認されると、患児が手術を受けられなくて死んでしまう」から、検査の必要性について「看護の立場から意見を述べてもよい」と考えたのかもしれません。その意味では、2人は看護師としての義務を果たしたと考えることも可能です。

　このような「医師と対等な看護師」を養成することは、医療の質や患者の利益を守ることに大きく役立ちます。

　では、このような医療従事者間で意見が相違した時はどう対処すべきなのでしょうか。対立したままではチームワークがとれず、その結果は患者の不利益に通じることになります。松井先生が「委員会」を組織して議論しようと提案されたのは、その一つの解決策ですし、現代では倫理委員会の役割でもあります。では、委員会で討議される内容は「なにを根拠に」議論されるのか、どのように「決定されるべきなのか」が大きな問題になります。まさに本書の目的はそこを学ぶことにあるの

です。

2　ベビー・ドゥ事件

　私が医師としての人生の「シャドウライン」を体験してから、10年後にアメリカでベビー・ドゥ事件（1982年）とよばれる出来事が起こりました。アメリカでドゥ（仮名）と呼ばれるダウン症の赤ちゃんに消化管閉鎖が見つかり、手術を受けられないで亡くなったという事件です。日本の最高裁に相当する州立裁判所が「手術をしたくないという親の要望を認める判決を下した」というニュースが世界中を駆け巡ったのです。10年前の私の体験と状況は酷似しています。結果は同じですが、アメリカではどのように対応されたのか、詳しい経過を知りたいと思いました。

　その頃、私は兵庫医科大学の遺伝学講座で助教授をしていましたが、たまたま当時、アメリカ留学中の玉置知子先生（現在、兵庫医科大学名誉教授）から一冊の単行本が送られてきました。「The Children should be killed? Doctors kill the babies. その子たちは死ぬべきなのか−医師がその子どもたちを殺している」という過激な表題がついた本でした。残念ながら原本は手許に見つからないのですが、副題を「医師が子どもたちを殺している」という過激な表現から「障害児の命に関する倫理的問題（The Problem of Handicapped Infants. Studies in Bioethics）」と変更した改訂版は現在でも入手可能です。

　この本の最初にベビー・ドゥ事件の詳細が紹介されていました。簡単に内容を紹介しましょう。

　アメリカのブルーミントン市の病院の産科病棟で1人のダウン症の女の子（仮名：ドゥ）が生れました。ドゥにはダウン症に時々みられる消化管の閉鎖があり、その病院には小児外科がありませんでした。小児科医は母親に手術が可能な小児病院への転院を勧めました。しかし、産科主治医は「手術をしない選択肢もある」と母親に告げたようで、小学校の教師でもある母親は手術をしないことを選択しました。母親は産科のカルテに「私は産科主治医と相談し、手術しないことを決断しました」と肉筆で書き、署名しました。当時のアメリカでは医事裁判のトラブルを避けるため、病院には「カルテ監査システム（オーディットシステム）」が設置されていて、記録されたカルテはその日のうちに担当事務員がすべてチェックするのが普通でした。その日の夕方、ドゥの記録はシステムでチェックされ、「将来、問題

になるかも」と考えた担当者はすぐに院長室にカルテを持参しました。カルテを見た院長はすぐに電話を取り、地方判事に「病院の役割は患者の命を助けることだ、生かすか殺すかの判断は君の仕事だ」と電話したのです。さすが司法制度が行き渡ったアメリカならではの素早い行動で、日本ではこうは行きません。

その日のうちに病院の会議室に陪審員が集められ、第1回目の公聴会が開催されました。アメリカは陪審員制度の国です。裁判を開始するにあたり、裁判長の判事は「今回の案件では両親の権利について法的な議論をして欲しい。ただ、そうするとドゥの権利（生存権）が守られないことになる。ドゥの生存権を守るべき役割の両親がドゥの死を願っているからだ。したがって、両親の親権を第3者に移さなくてはならない。ブルーミントン市の福祉部長に親権を移したい」と述べました。アメリカでは公平性の原則がきわめて重視されます。その日のうちに公的な裁判が行われるというのも凄いですが、裁判のやり方も日本とはかなり違います。議論の末、陪審員たちは「手術をしないという両親の権利を認める」ほうに票決しました。

翌日の朝、親権を委譲された福祉部長は報道関係者の前で、「判決には従う。今朝、赤ちゃんを見てきたが、生命を維持する努力は何もされていなかった。手術をしないということには同意したが、治療をしないという意味ではない。他の方法で延命処置をして欲しい」と抗議しました。しかし病院側は、「それは赤ちゃんの苦痛を延ばすだけだ」と治療を拒否しました。福祉部長はすぐに上級裁判所に控訴しました。インディアナ州の州立裁判所で再審されましたが、やはり陪審員たちは最初の判決と同じ判断を下しました。結果を聞いた福祉部長はすぐにワシントンに飛び、レーガン大統領に直訴しました。この時、ニュースがアメリカ国内だけでなく世界に発信されたのです。アメリカでは里親制度とか養子縁組制度が整っていて、障害児を育てられない親に対応する民間・公的援助制度があります。障害児の場合、育児費用が公的に援助される制度もあります。このニュースを聞いてドゥを引き取りたいという要望が相次ぎましたが、残念ながら間に合わず、生まれてから数日後にドゥは死亡しました。

レーガン大統領は「アメリカでは法的弱者の生存権を守る法律に問題があるのではないか」と法務省に検討を命令しました。こうして「たとえ親でも障害をもった子どもの治療を止めさせることができない」という「ベビー・ドゥ規制」が法案化されます。ところが小児科学会を中心に、「このことは主治医と親との間で決めるべきだ」と反論が起こり、3年後に最高裁でこの法案は廃案になります。しかし、

10年間にわたって「ベビー・ドゥ論争」が続きました。この論争はアメリカの福祉政策や障害児医療の倫理的背景を整備する大きな基礎になったと言われています。

　さて、皆さんは最初に紹介した私の経験談とベビー・ドゥ事件の違いをどう考えますか。「どちらもダウン症の子どもは亡くなったのだから、同じだ」と思いますか？　私の事例では、病院という閉鎖された社会だけで議論され、アメリカのように社会的な議論にはなりませんでした。アメリカは多くの人種や文化、宗教が背景にあり、そのために法治国家として高い完成度をもった国です。表立って議論せずに水面下で「何事もなかったかのように」対応する日本との大きな違いです。人種的にもアメリカは日本のような単一な民族ではありませんし、宗教的にもキリスト教原理主義からプロテスタントまで、またその他の宗教まで多様な国家です。自分の考え方を述べて議論する習慣や、法治国家をめざす傾向は自然に生まれたのかもしれません。日本は歴史・風土的に独特の倫理観をもつ国です。ただ、これからはそうはいきません。科学技術の進歩により従来の倫理観では対応できないようなことが起こってきます。特に医療の世界ではそれが顕著です。また国際化を迎えて、海外との交流なしにはわが国はやっていけません。倫理観は人格の一部であり、文化の一部であることは確かなのですが、倫理観が極端に異なる場合、お友達にはなれません。生命倫理学は重要な学問になってきたのです。

3　私が現代生命倫理学を講義するきっかけになった出来事

　私自身が生命倫理学を講義するきっかけになった出来事についてお話します。1994年に大阪府は府立看護大学（現　大阪府立大学看護学部）を開校させました。現代医療の進歩に合わせて、専門学校・短大教育が主流だった看護教育を大学教育に移行させるという国の動きに応じたものでした。私は大阪府環境保健部に設置された看護大学設立準備室担当副理事を経て、大学の母体の一つになった大阪府立看護短期大学の公衆衛生学教授として赴任し、1年間、新しい大学の開学準備を行いました。当時はようやく「看護教育の大学教育化」が実現するということで、看護の先生方の意気が高く、「古いイメージの医師教員はいらない」というムードがあったため、何かと苦労しました。新しい大学の教員選考に私も応募したのですが、決まってみると看護学部の10数名の教授の中で医師は私1人でした。私の学部担当科目は医学概論、公衆衛生学、生命科学、生命倫理学と盛りだくさんで、大学院

では臨床遺伝学を教えることになりました。担当科目が決まってから開講まで1年余の時間的余裕がありましたが、問題は「生命倫理学」でした。当時、看護系大学の必須科目として生命倫理学が新たに指定されていたのです（現在では短大や専門学校も含めてすべての看護系教育機関で必須科目になってます。医学教育ではまだ必須科目にはなっていません）。私は遺伝性疾患、先天異常、胎児診断などの臨床経験から生命倫理が問題となる医療現場の豊富な経験をもっていると自負していました。また、兵庫医科大学の教員時代には医療社会福祉学の講義の一端として医倫理の講義をした経験もありました。しかし、独立した生命倫理学として通年2単位（約30時間）の講義を行うとなると、準備が必要です。倫理学関係の本を片っ端から読んだり、講演やシンポジウムに積極的に参加して勉強し直しました。当時、生命倫理学は新しい学問として私が所属する日本人類遺伝学会でも海外から研究者を呼び、シンポジウムを開催するなど、勉強する機会はいくらでもあったのです。

　しかし、1年近く一生懸命に勉強してみましたが、「もうひとつ、しっくりこない」という気持ちが残り、正直言って少々焦りました。勉強した生命倫理学の諸理論を私自身が体験した臨床現場の倫理体験にあてはめてみると、色々な考え方を提供してくれます。しかし、必ずしも解決に導いてくれるものではないし、何かしっくりこないという「もどかしさ」があったのです。理由の一つは、生命倫理学の第一人者は海外も含めて多くは文系の哲学出身者が多く、必ずしも医療現場に詳しいわけではありません。さらに、法的・宗教的背景も含めて欧米の生命倫理観がわが国の文化・風土でも通用するのかという疑問もありました。特にわが国の医療の実態は欧米とはかなり異なります。また、倫理学や哲学の一分野としての生命倫理学は興味深い学問ですが、私の役割は医療従事者をめざす学生に生命倫理学を教えることにあります。倫理学を「人間がいかに生きるかを教えてくれる学問」とか、「社会を善くするために必要な学問」といった、「哲学的」あるいは「生き方論」的な学問として捉えた参考書は内外に多くあります。しかし、専門家の先生方にお叱りを受けるかもしれませんが、私がこれまでに臨床現場で経験してきた現場ですぐに使えるような思想にはほとんど出会いませんでした。不遜な言い方を許していただくと、著者の多くの方がそのような現場を実体験していないのが一つの原因と考えられました。

　教育技法の考え方では教育目標を明確に設定しなくてはなりませんが、医療従事

者を対象とした「生命倫理学」の教育目標（一般目標、行動目標）は「判断に迷う現場に直面した時に、倫理分析を行って好ましい行動決定へ向かうことができる」ための知識・技術・態度を教えることにあります。総花的に生命倫理学の学説を医療系学生に講義しても、「大した役に立たない」のではないかという危惧があったのです。

　わが国の医療現場では当時すでに倫理委員会という新しい組織が大学や研究病院に設置されはじめていました。「患者はモルモットではない、患者中心の医療をめざす」という現代医療思想が背景にあったのです。そのために「色々な倫理ガイドライン」が作られていて、それを学生に教えるという方法論もありました。しかし、ガイドラインは文化が異なる海外で作られたものも多く、ガイドライン作りの背景となった法律や倫理規範の中にはわが国の文化的背景では問題となる場合もあります。また、多くのガイドラインは患者側が作ったものではなく、医療を提供する側（国など公的立場）が作成したものが多いのです。なかには研究を行う研究者たちの自主規制に近いものもあります。今様の言葉で言うと、ガイドラインの作成そのものが「利益相反」に触れる可能性が疑われるものがあります。現場の医療従事者は最新のガイドラインを知っておくことが必要ですが、学生にはルールそのものではなく、ルールを作る「原理」を教えるべきではないかと考えました。今後の先端科学の発展や国際的な文化流入、価値観の変貌を考えると、「でき上がった思想」をそのまま学生に教えるのではなく、どのような事態にも対応できる「原理」を教えるべきなのです。

　このような迷いをもちながら悶々としていた時に一冊の本を入手しました。「トム・L・ビーチャム、ジェイムス・F・チルドレス（永安幸正、立木教夫 監訳）：生命・医学・倫理、成文堂、1977」という翻訳本でした。倫理学では原理・原則主義と呼ばれる思想に含まれますが、倫理的課題を原理・原則から分析して統合していくという方法論は他には見られないものでした。一読した時、「これなら私にも講義ができる」と目の前が明るくなった感動を覚えています。ビーチャムは医師ですから、医療現場で役に立つ倫理学をめざしたのでしょう。

　その後、遺伝医療分野ではアメリカの WHO が倫理ガイドライン（2002 年）を公開しましたが、ビーチャムの考え方を採用していました。その後、医療分野では

ビーチャムの分析法は主流になっています。具体的な講義内容については少しずつお話していきますが、わが国の医療系教育では必ずしも統一された生命倫理学が講義されているわけではありません。世界各国の人権や医療倫理が関係する宣言やガイドラインを中心に講義する大学が多く、倫理分析の実際を教えているところは少ないのではないかと思っています。また、医学部では従来、医学概論という講義の中で医倫理として生命倫理学的な内容を講義する大学はありましたが、独立した学問として生命倫理学の講義はなされてはいません。私は 2005 年 7 月に東京女子医科大学で開催された遺伝医学教育に関する研究会で、大阪府立看護大学で生命倫理学を教育した経験に加え、当時、お茶の水女子大学の遺伝カウンセラー養成課程で担当していた生命倫理学の講義内容について講演し、ビーチャムの思想をもとにした倫理分析教育を紹介しました。しかし聴衆の反応からは、ビーチャムを勉強している医系教員は必ずしも多くないことを実感しました。当時は認定遺伝カウンセラーの養成をめざした施設（大学院修士課程）の認定作業が行われていましたが、生命倫理学の講義（1 単位）は必須条件でした。お茶の水女子大学では講義（1 単位 15 時間）と演習（1 単位 30 時間）を教育していましたが、以下に講義カリキュラムを紹介しておきます。

資料：生命倫理学講義・演習カリキュラムの一例 / お茶の水女子大学遺伝カウンセリングコース

生命倫理学　2 年次後期（必須）
講義 1 単位（15 時間）/ 演習講義 1 単位（30 時間）

・教育目標（GIO）：
遺伝カウンセラーとしての専門性とその役割の上から倫理的判断を行うための基礎知識・技術（倫理分析）・態度を学ぶ。

＜カリキュラム＞

1. 生命倫理学の発達と主な理論
    ・生命倫理学の目標
    ・主な倫理思想と生命倫理学の発祥
    （倫理、道徳、法律、歴史的な医療倫理思想、カントの義務論、ベンサムとミルの功利主義思想、宗教と倫理思想、科学の発達と倫理思想、現代功利主

義思想、戦争と優生思想、ニュールンベルグ裁判、生命科学の発達と現代倫理思想、現代医療と生命倫理学）

2. 倫理分析技術の基本知識と技術
   - 現代生命倫理学と理論
   - 医療従事者と倫理的対応技術
   - ビーチャムとチルドレスによる原理・原則主義の基本的な考え方と方法論
   - グループ作業による演習（講義「医療における倫理的課題」から2、3のテーマを選んで倫理分析・発表討論）
   （ツールとしての生命倫理学、自律の原則、無加害の原則、善行の原則、正義の原則）

3. 医療における倫理的課題「生殖医療の現場から」
   - 出生前診断をめぐる論争
   - 着床前診断の導入をめぐる論争
   - 体外受精と生殖医療（不妊治療その他）
   - 産科医療の倫理課題（裁判例その他）
   （先天異常政策と出生前診断、母体血清マーカーによるスクリーニング、ワーノック委員会、各種倫理ガイドライン、胎児の生存権・人権、海外の法体系、わが国のクローン法、新しい優生思想）

4. 医療における倫理的課題「障害者の人権」
   - 障害論と倫理
   - ベビードゥと障害児医療
   - 倫理学から見たノーマライゼーション政策
   - カレン裁判が意味するもの
   - 予防医学と選別思想
   - 「性」と差別
   - わが国の公民権運動（同和教育）
   （障害の定義、ベビードゥ事件、難病新生児の治療ガイドラインをめぐる論争、カレン裁判、新生児スクリーニング、社会政策、ノーマライゼーション）

5. 医療における倫理的課題「先端医療の現場から」
   ・脳死判定と移植医療をめぐる論争
   ・遺伝子診断と倫理的課題
   ・DNA と個人情報
   ・実験研究と倫理課題（薬理研究、2重盲検法その他）
   ・予防医学の倫理課題
   （脳死と人間の死、移植医療、遺伝子診断、個人情報としての DNA、DTC をめぐる論争、薬理研究とガイドライン、インフォームドコンセント、遺伝カウンセリング、ゲノム医学）

6. 生命倫理学と医療システム
   ・研究機関、医療機関における倫理委員会の機構と役割
   ・患者の権利を守るシステムと倫理原則
   ・遺伝カウンセラーの役割（遺伝カウンセリングをめぐる各種ガイドライン）
   （ヘルシンキ宣言、倫理委員会、倫理ガイドライン、医療の ELSI 的課題、権利章典、セカンドオピニオン、遺伝カウンセリングの倫理的役割、自律原則と遺伝カウンセリング）

2章 人間の倫理行動に関する理解

1 倫理の定義

　まず最初に「倫理」という言葉の定義をしておかねばなりません。私は生命倫理学の講義を始めるにあたって、学生さんに次のような質問をします。

> あなたはアルバイトとして、小学校5年生の生徒の家庭教師をしています。あるとき、「倫理」、「道徳」、「法律」という言葉の意味を50字以内で説明しなさいという問題がありました。小学校5年生の生徒にわかるように説明しなさい。

　「法律」はともかく、「倫理」と「道徳」をはっきりと区別して定義するのは難しいですよね。無理もありません。国語辞書でもはっきりとは区別していません。しかし、生命倫理学をこれから勉強するためには、この二つは区別しておいたほうがよいというのが私の主張です。

　高校時代に倫理学を選択したことのある学生に質問すると、「色々な思想家の名前を覚えるような暗記物の学問だった」という返事が返ってくることがあります。研究対象としての倫理学はそのような学問ではありません。「ある時代にある国で一つの法令ができた」とします。その法令がなぜ作られたのかは、当時のその地域の地誌的な条件、宗教、政治、経済、文化など、多くの背景を分析しないとわかりません。法令が生まれた背景を知ったうえで人間の行動規範に関する研究をする、これは倫理学の正統的な研究方法の一つです。このような過去の研究から、現代の科学技術が未来の人間の行動をどのように変えるかという未来予測にもつながるのです。高校で習った倫理学の体験が仇となり、かえって「倫理とは」と聞かれると答えに窮する学生さんが多いのでしょう。

さて、生命倫理学と倫理学の違いの一つですが、「生命」という言葉がついていますね。実は、倫理学はその内容からメタ倫理学、規範倫理学、応用倫理学といった分類もされますが、生命倫理学はこの分類では応用倫理学の一つと考えてよいでしょう。人間の倫理行動に生物学的な分析を加えたり、医療や生命科学の応用を側面からサポートするという意味があります。私は小児科医ですが、人類遺伝学というバイオロジーの一分野の研究者として、私の生命倫理学は生命論的な解釈が多いと友人から指摘されることもあります。少し我慢して私の倫理の定義につきあってください。

　まず、「生命」を私がどう定義しているか、お話します。一般には「生命（または生物）」の本質は自己増殖性にあると言われますが、これをそのまま生命倫理に結びつけるのは少しやっかいです。まず、中学の理科で実験した「カエルの神経・筋刺激実験」を思い出してください。脳を取り出したカエルでも、筋肉を電気刺激すると収縮します。これは筋肉という組織が単純に刺激に対して「反射的に反応」する現象です。外界に対して「反射的」に反応することも生物の基本現象なのです。次に脳が命令を出しても筋肉は反応します。高次神経である脳は「過去の記憶」や「快・不快」あるいは「思考」により「意識的」に筋肉に命令を出します。「餌にありつく」とか、「危険から逃れる」あるいは「生殖行動」など、「反射的に反応」するだけの生物より、はるかに効率よく生命を維持できるでしょう。脳解剖学者で作家の養老孟司先生は人間性の原点は「意識」であると指摘されています。確かに反射的な反応は器械でも代用できますので、生命活動の必要十分条件とは言えません。もっとも現代のAIはかなりの「意識的」な判断ができるようになってきていますから、「意識をもっている」だけが人間の条件とは言えないかもしれません。自己の体験から作られる意識は生命の必要条件としては重要ですが、さらに個体同士で体験を共有する生物があります。人間はもちろん、社会生活を行う生物です。アリや蜂の仲間なども、かなり高度な社会生活を営みます。特に人間は「会話能力」、「文字」さらに科学的な情報伝達を行う手段を身につけ、生物界では最も高度な社会生活を行うようになりました。解剖学的な発語能力や高度の思考を行う脳機能は先天的（遺伝子で受け継がれる）な能力ですが、言語や情報伝達能力〔これらは社会的遺伝子（ミーム）と呼ばれます〕は後天的なもので、個々の社会単位（民族、国、集団）で異なります。人間はそれぞれの集団単位で教育して社会作りをしていると考えられます（ここに適応や進化学的な淘汰が作用して現代に至っている

と考えます）。この社会的なルールを作る基になる善悪の価値観が倫理行動と考えられます。倫理行動は高度な社会を形成するためにきわめて重要な能力であり、私は個体レベルの「意識」より、社会的な意識である「倫理観」が人間生命の本質であると考えてもよいのではないかと考えています。

　「子どもの躾け」を考えてください。小さい子どもには「良いこと」、「やってはいけないこと」と行動を「善悪の規準」で判断して躾けていきます。このような躾けで子どもは社会生活が送れるように育っていくわけです。

　もちろん、厳密には、自己中心的な欲望がほとんどを占める段階（0〜2歳）、親や周囲の関係性の中で自己規制できる段階（2〜7歳）、自分と対等な仲間同士の関係性の中で自己規制できる段階（7歳〜）といったように、心理学者の研究（例えばピアジェ 1932）では発達は段階的に行われていくことが指摘されています。また、成人になって倫理観形成のゴールの段階を見ても、①罪と服従の段階、②他人への思いやりが芽生えた段階、③善行を他人と比較できる段階、④社会秩序への協力の段階、⑤ルール作りに参加できる段階、⑥普遍的な倫理原則を研究する段階と、様々な段階があることも指摘されています。いかにも研究者らしい目線ですが、これは個人の能力の発達段階だけを評価していると考えてはいけません。教育、職業、社会的背景、個人的な経験などから生じる違いで、これらは倫理観の多様性にもつながっています。ただ、基本的にはこれらの倫理観は「善悪の判断」が基礎になっていることは間違いありません。

　人間は高度な社会生活を行う動物です。個人が基本的なルールを守らねば社会生活は成り立ちません。この社会生活を円滑に送るための「善悪の規準で作られたルール」を「倫理規範」といいます。ところが「社会」はローカルな集団ですから、ルールは所属する社会で異なります。子どもの頃、「遊びのルール」が地域によって微妙に異なることは皆さんも経験があると思います。同じ地域でも皆さんが属する集団（職業集団など）によってもルールが異なることがあります。医師と看護師で倫理観が異なることは皆さんも経験があるでしょう。政治倫理とか公務員倫理という言葉があるところを見ると、政治家や公務員も一般とは違った倫理観があるのかもしれません。国や地方といった「集団単位」で、ある程度共通でかつ社会秩序を保つために重要な基本的倫理規範を成文化して罰則規定を作り、守るようにしたのが「法律」です。

では、「道徳」の定義について考えてみましょう。倫理規範はローカルなものだと申し上げましたが、色々な人類集団の倫理規範を調べてみると、案外、共通したものが多いことが気づかれます。殺人の罪とか、人の物を盗んではいけないとか、どこの国でも共通ですよね。古来から洋の東西を問わず、哲学者は倫理規範の共通性の背景に「人間の本質」があると考えました。人間の研究を行ううえで、理想的な倫理行動のあるべき姿を思索したのです。これがモラル（道徳）と呼ばれ、道徳学という学問にもなりました。道徳学は「人間理解」を目的とした学問なのです。

　道徳のもう一つの側面として、国を統治する立場から、道徳学は宗教と同じように重要な思想と考えられ、道徳家は厚い国家的な庇護（あるいは迫害）を受けました。ただ、国家統制の目的で道徳教育が行われることもあり、そのために「道徳」と言われるとなんとなく「上から目線」、あるいは「上からの押しつけ」と感じる方もおられると思います。

　さらに近代から現代に至る社会は、社会構造がきわめて高度化し、「社会のルール」も複雑なものになりました。さらに人権が重視される時代になり、人口の爆発的増加や価値観の多様性も加わって、人間の倫理行動の「理想像」の設定も難しいものになりました。もちろん、最低限必要なルールは「法律」として執行され、罰則規定を設けて絶対に守るべきルールとなります。法治国家は近代国家の完成度をあらわす看板のようなものです。しかし、法的な判断だけで社会が維持されるわけではありません。法律は一度決めると修正には時間がかかりますが、社会の進歩に合わせて変革が必要です。そこで倫理や道徳が必要になります。倫理的なものの考え方の多様性や柔軟性が重要になるのです。倫理も道徳も人間という生態系の中ではコンプライアンス（遊び）のようなもので、その「自由さ」がさらなる人間の社会の高度化に資してきたのです。

　倫理も道徳も共通の背景があり、「人間が人間らしく生きるための基本的な行動基準」といえるでしょうが、出発点は人間が社会生活を行う動物であるために生まれた行動原理と考えることができると思います。私のような生物系の人間は、「異なる人類集団でも倫理規範に共通部分が多い」理由は、「種としての人間の生態が共通だから」なのだと考えてしまいます。

　結論として倫理は「所属する社会集団の中で、円滑に行動するための基本的ルール」で、道徳は完成された社会の中で、法律のような強制力はありませんが、「守るべきもの」として教育されてきた社会規範と考えるのがわかりやすいと思います。

　　　　　　　私の生命倫理学ノート

2章

　国が違えばもちろん、所属する集団で倫理観（倫理規範の総合から形成される）が異なるのは当たり前と考えます。世界共通の普遍的な倫理規範のようなものはないと割り切ることもできます。倫理規範から生まれた法律が国が異なれば違うのは当たり前のことなのです。ただ倫理観は人間の人格の一部であり、倫理観が異なる者同士は「良い友達」にはなれません。国際関係も同じです。国際化社会を迎えて、倫理規範も共通化を強いられているのが現状と考えておくほうがよいでしょう。

2 人間の倫理行動に関する歴史的な議論

　私は生物系の人間で、哲学には全く素人です。ただ私の年代では高校生から大学時代にかけて、哲学関係の本はよく読まれていたと思います。特に私が通った高校はその傾向が強く、「三太郎の日記」、「善の研究」、「人生論ノート」、「愛と認識の出発」（同年代の方でしたら著者はすぐにおわかりでしょう！）などを普段からポケットに入れて持ち歩く級友は少なくありませんでした。恥ずかしながら私も、内容がよく理解できないにもかかわらず、これらの著作の本文に赤線を引いたり、表紙を汚していかにも熟読しているかに見せかける努力をした思い出があります。正直言って、本書では哲学的に人間の倫理行動の原点を分析したり、方向性を論ずるための「思想の歴史」をまとめる力は私にはありませんし、そのつもりもありません。本書ではビーチャムの原理原則主義に基づく倫理分析の技法を学ぶことが目標ですが、原理原則ごとの個々の分析過程では、古来から議論されてきた先人の思想を原理原則の基本的な考え方として引用して議論することも「説得力」を高めるためには必要です。歴史的な思想は倫理分析を行ううえでの基礎理論の一部を構成していることは事実なので、よく使われる議論についてまとめておきます。

　まず、ドイツの哲学者であるイマヌエル・カント（1724 〜 1804）の義務論と、ジェレミー・ベンサム（1748 〜 1832）の功利主義を2大思想として紹介します。普段から哲学史に馴染んでいない読者のために、なぜこの二つの思想を取り上げるのかを説明しておきましょう。一つの理由は「医療現場の倫理分析におけるニーズ」が背景にあります。医療現場では「ルールの厳守が人間の倫理的行動につながる」という原理主義（義務論）的な考え方と、「結果的に幸福が達成されることが倫理行動の目標」とした功利主義的思想が対立することがしばしばあります。

　カントの義務論を「ルール厳守」と簡単に説明しましたが、少し説明が必要です。かつて、ギリシャの哲学者のソクラテス（BC469 〜 BC399）が、人民裁判で有罪

となり、「悪法も法なり」と判決に従って自ら毒を飲んで命を絶った史実を、「義務論的な道徳観」の実例と説明されてきました。また、コーランなど「宗教的な教典」に絶対的に従うことが原理主義あるいは義務論的な倫理行動とみなされがちです。このために「ルールに従う」ことが義務論的な倫理行動とみなされがちですが、カントの考え方はそれほど単純なものではありません。

　カントは自律的な意思決定を重視しますが、功利的な目的のために選好した行為は道徳的ではないと考えます。純粋理性に基づく決定でなくてはならないと言いますが、私たちは普段、善行かどうかの行動基準を「法律に触れないか」とか、「他人の称賛が得られるか」など、何らかの功利的な目的で決定しがちです。カントはたとえ「宗教的な摂理」に従って選んだ判断も「天国に行くことを目的に選んだ」場合は道徳的とは言えないと考えます。しかし、純粋に人間の本質的な善意、例えば「無償の善行（結果を期待しない善行）」が本当にあるのでしょうか。現代社会は愛情、信頼、約束、契約、慣習、規則、法律など数々の関係性で成り立っています。個々の関係性を大切にすることが社会の維持に役立つのですが、社会の維持を結果目標にすると、個々の関係性は功利的な性格をもっていて、純粋な倫理性とは言えないかもしれません。しかし、結果を意識しない「無償の善行」を追及することにより、人間の真の倫理行動が理解できるというのがカントの哲学思想です。「ルールに従う」という行為も「無意識に行われた場合」は倫理的な善行に近いものがあるはずなので、「功利主義的な考え方の対極」にある思想として2大思想に取り入れました。

　ただ、哲学の専門家から叱られないようにカントやベンサム以後の西洋哲学の流れも少しだけ付け加えておかねばなりません。産業革命や科学の発展が功利主義的な思想を発達させたことは確かなのですが、20世紀になって科学はさらに急速に発達します。もともと哲学は物事の真理を追及する学問ですが、古来、万物の実態は人間の五感（感覚器）を介して認識されてきました。一方、初期の科学は人間の五感で測定できない物については説明できないものが多く、哲学者の中には科学万能主義を批判する意見も多くみられました。ところが現代科学ではニュートン力学がエネルギーの概念を、熱力学はエントロピーの概念を樹立しました。昔から哲学原理で議論された「アキレスと亀」のパラドックス*も極限や微積分の概念を導入

---

*先にスタートした亀をアキレスが追いかけます。最初にいた時点にアキレスが追いついても、その時は亀が少し前に進んでいるため、同じことを繰り返しても絶対にアキレスは亀を追い越せません。

することにより数学的に説明できるようになりました。相対性理論はニュートン力学で説明できなかった量子の世界での運動法則を解明し、物質の存在に時間の概念が影響することを示唆しました。医学の分野でも神経科学や脳科学は反射・記憶・判断など、哲学における人間の意識行動に迫る科学的アプローチを可能にしました。このような現代科学の台頭の中で、ベルクソン（アンリ・ベルクソン、1859～1941）のように現代科学を評価しながら哲学的方法論を見直そうとする哲学者も生まれました。彼の哲学はアインシュタインの相対性理論やダーウィンの進化論にも言及しています。逆にわれわれ自然科学の立場からはベルクソンの分析を理解するのはきわめて難解なのですが、ベルクソンの哲学はこの後で紹介するわが国の哲学者たちには大きな影響を与えました。西田幾多郎（1870～1945）の「純粋経験」の概念はベルクソンの影響と言われていますし、最終章のエピローグで紹介する西田門下の澤瀉久敬はベルクソン哲学を背景として現代医学の医倫理論を展開しました。澤瀉先生は大阪大学医学部で日本で初めて「医学概論」を講義しましたが、私は先生が定年退官する最後の年に講義を受けた学生なのです。このように、哲学の分野では多くの現代的な学説があるのですが、私自身が哲学は素人ですし、本書は現代医療における現場での実践的な倫理分析を目標にしています。科学的思考に慣れた医療従事者や学生さんにとっては「義務論」と「功利主義」の2大思想を中心に話を進めるのが理解が容易なのではないかと思います。

　わが国は法治国家ですから、ルールを守るという義務論的な思想は支持を得やすいのですが、一方で、われわれが生活している現代社会では色々な場面で功利主義的な思想のもとに善悪を論じる傾向があります。この場合、功利主義の大きな問題点は、「多数の幸福」が必ずしも善行につながらない場合もあるということです。ドイツの若手哲学者のマルクス・ガブリエル（1980～）は「欲望の時代の哲学」という講演（2018年、NHKで放映）の中で、「国民の95％が賛成したらユダヤ人狩りが正当化されるのか」と現代のポピュリズムが横行する世界の現状から民主主義の危機を訴えています。医療現場における倫理判断でも社会的に支持を得るかどうかは、倫理判断の重要な基準になりますが、社会的支持＝善行とはならない場面はいくらでもあります。「最大多数の最大幸福」をめざすジェレミー・ベンサムの功利主義は暴走する危険性があり、歯止めが必要なのです。ジョン・スチュワート・ミル（1806～1873）は幸福には「質的差」がありベンサムの言うように単純に足して総和を求めることはできない、「個人の幸福か関係者全体の幸福か」とい

う判断が必要なのだ、そのために第三者の厳正中立な判断が必要という修正功利主義を唱えました。リチャード・M・ヘア（リチャード・マーヴィン・ヘア、1919〜2002）は「功利主義そのものは悪くないのだが、それが善行となるための条件（主として自由と福利）を課す必要がある」と選好功利主義を唱えました。功利主義といっても現代社会の実情に合わせて色々修正が加わっています。

医療現場の倫理判断については、義務論的な思想と功利主義的な思想の対立を中心に組み立てるのが「わかりやすい」と思いますが、説明を省いた倫理思想にはまだ沢山の歴史的思想があります。私の力量では紹介が難しいのですが、西洋と東洋では倫理的な考え方が歴史的に異なります。西洋は中世の時代では教会が倫理的な問題を決定しました。近代になって産業革命や科学文明を背景に功利主義的な思想が発達しましたが、東洋では中央集権的国家を基盤に国民の義務としての倫理思想が定着した長い歴史があります。一方、わが国も東洋的な倫理思想が基本にありますが、明治になって積極的に西洋の文化や思想を取り入れました。日本人は「本音」と「たてまえ」を使い分けるのが上手なお国柄ですが、これも日本人の歴史的な倫理的葛藤からきているのではないかと私は考えています。

3 わが国の倫理思想

せっかくですから、日本的な倫理思想にも少し言及しておきましょう。日本人学者の代表として西田幾多郎は東洋哲学の考え方も取り入れた独自の思想を展開します。義務論的な道徳観の多くを彼は「他律的倫理学」と考え、「権力（君主、法律、宗教など、絶対的に強いもの）に従う原則」と見なします。性悪説の立場をとった東洋哲学の荀子論では「優れた君主に盲目的に従うのは善である」、なぜなら「自分の能力より絶対的に優れているものに従うのは人間の基本的行動」と見なしますが、西田はこれも真実の善とは考えません。

西田門下の木全（きまた）徳雄（1923〜1981、たまたま私が現在勤めるクリフム夫律子マタニティクリニックの夫先生のご尊父で筑波大学の哲学教授でした）は、その荀子論の中で、「もともと人間は誰でも欲望をもっている（荀子は性悪説の代表です）が、優れた君主がその欲望を活力として巧みに導けば世の中はおちつくのだ」と荀子が欲望をある程度は「悪とはみなしていない」点を評価しています。木全はマックス・ウェーバー（1864〜1920）を生涯をかけて研究しましたが、ウェー

バーはマルクス（カール・マルクス、1818 ～ 1883）の科学的あるいは唯物論的な経済論とは対極的に「宗教的統制と合理主義が資本主義を発達させた」と主張します。木全は ウェーバーが東洋的な倫理観（シナ哲学）を深く理解していることを評価しています。

　一方、西田は人間が「苦楽の感情をもち、快を求め不快を避ける」本質をもつという快楽説を利己的快楽説と公衆的快楽説（西田はこれをベンサムの功利主義とみなしています）に分けましたが、公衆の快楽と言えどもその追及がそのまま善の本質に結びつくとは考えていません。完全な「善」とは、「美」のようなもので、快不快で論じられるものではないと見なします。むしろ、アリストテレス（BC384 ～ BC322）の「人間の存在は幸福をめざすことにある、幸福に達するには快楽を求めるのではなく、『完全な活動（努力あるいはその過程)』にある」という思想に近いものです。美しい物を見たとき、「なぜ美しいか」合理的に説明可能な判断を一つずつ外していき、最後に残ったものを純粋経験と定義して、哲学的思考を深めていく西田哲学は、私たち哲学の素人にはきわめて難解です。哲学の先生からは叱られるかもしれませんが、私は西田の善を現代心理学の立場から、人間の「無意識下の潜在的倫理感」による行動と見なすとわかりよいと思っています。無意識下の倫理行動がなぜ人類に生まれたかについては、その生命論的解釈を少し先で紹介します。

　「人生論ノート」の著者である三木清（1897 ～ 1945）も私が高校生時代に感化を受けた哲学者です。彼は西田を師として仰ぎますが、ヨーロッパに留学してマルクス主義の影響も受け、和洋の思想の狭間で独特の倫理観を形成していきます。しかし、「人間は元来、見かけの虚栄を好みがちで偽善的な本質をもっている」と考え、このような人間が最大多数の幸福をめざした功利主義的な考え方に向かうことを厳しく批判します。背景には戦時下の日本で「個人の幸福を求める行為を否定し、全体主義的な自己犠牲を強いた」世論への抵抗姿勢があります。彼は自律的な幸福論に向かいますが、このために反社会的と見なされます。若くして治安維持法により逮捕され、獄死したのです。

　日本文化はもともと自己の悪である欲望をいかに自己規制して善を求めるか、と自己を厳しく律する文化が主流だったといえるかもしれません。武士道精神はその典型ですし、庶民には「だから仏に祈りなさい、悪人でも仏になれる」と対応してきたのです。キリスト教でも「人間は生きるだけで罪を犯す、だから祈りなさい」という原罪思想がありますが、東洋の思想と類似点があります。しかし、産業革命

を経て、西洋は功利主義的な思想へと向かいます。

　私が卒業した高等学校は古い歴史をもっていましたが、戦前の修身教育について先輩から教えられた思い出があります。「人間は15の徳を守らねばならないが、その一つに『独慎』という徳がある。『他人の目とは関係なしに善行を行えれば徳に通じる』という教えだ」とのことでした。私は最初これを聞いた時、これはカントの思想と勘違いしていました。数十年前は高校生の間でもカントは読まれていたのです。その後、この思想は中国の四書五経の中の「大学」の「君子は必ずその独りを慎むなり」という教えからきているものとわかりました。西田など哲学者たちだけではなく、日本人の倫理観に与えた東洋思想の影響は大きいということでしょう。

　さて、日本人の哲学思想を紹介したのは、西洋的な功利主義的思想が「日本人にとっては歴史・文化的に受け入れることが必ずしも容易ではなかった」思想だということを理解していただきたかったからです。もちろん日本でも現代は「商業主義的な功利主義」と「義務論的な規範主義」（日本人の礼儀正しさは海外でも有名ですものね）が両立する文化になってきたことは否めません。「本音とたてまえの使い分け」は日本人が西洋的な功利主義を積極的に取り入れるための一つの手段だったのではないでしょうか。一方で、西洋でも科学や経済が発達した現代社会では功利主義的倫理観が暴走するのを危惧する動きもあります（前述したマルクス・ガブリエルの意見）。

　しかし、われわれが学んでいる「西洋医学」は救命や健康の回復を善とみなす目的主義や、博愛主義あるいは利他主義ともいえる功利的な思想（社会の最大幸福をめざす）から出発しています。西洋医学に従事しながら、私たち日本人が医療倫理を議論する場合、日本的な歴史・文化がどのように影響するかという課題があります。本音とたてまえを上手に使い分ける日本文化の中で、倫理性を議論するのはきわめて難しいことなのですが、そこまで考慮した倫理分析技法が必要になります。ビーチャムの原理原則主義は基本的には功利主義的な選好も認めながら、基本的な原理・原則を確認したうえで、暴走を防ごうという思想です。表向きは功利主義に批判的な日本の歴史文化の中でも利用できるはずだというのが、私の主張です。

　さらに付け加えると、一人ひとりがどのような倫理思想を採用するかは、実際の

医療現場の倫理分析にはそれほど影響するものではありません。むしろ、医療従事者一人ひとりの倫理感には多様性があることを前提に倫理分析技法を組み立てる必要があります。ただ、私は生命倫理学を学生に教えるために、理論構築を行う必要がありました。人間の「倫理行動の起源」について、「生物系の人間にとって理解しやすい考え方」として生命論的な考え方を採用したのです。ビーチャムの倫理分析も、人間の倫理行動の原点を生命論的理解に基づいて考えると「わかりやすい」というのが私の主張です。では、生命論的な倫理行動の発生論について次の項で解説します。

4　倫理行動の原点 ―生命論の立場から見た倫理行動の発生仮説

　人間の倫理行動の原点について私の考え方を紹介しようと思っていますが、その前に一つの昔話を思い出しました。大学の教養時代の出来事です。私は医学部教養時代（当時は教養課程といって、入学後2年間は専門科目の講義はなく、一般科目を受講しました）に文系課目として倫理学を選択しました。講義はギリシャ時代からの思想史だったのですが、単位認定はレポートの提出で評価されました。私は当時ちょっとした話題になったインドで発見された「狼に育てられた少女」の英文の論文を数編読んでレポートにまとめました。その少女は人間社会に戻って何年たっても「人間としての倫理行動を示さなかった」という論文の記述から「人間の倫理行動は生後の一定時期の環境から学習されるもので、種としての人間独自の（現代的にはゲノムに刷り込まれた）基本行動ではない」という趣旨の内容をまとめたのです。自分では自信があったのですが、返ってきた評価は「優・良・可・不可」の「可」でした。私は教授の研究室を訪れ、「談判」したのです（鼻っ柱が高く、嫌な学生に思われただろうと今では反省しています）。教授は「人間は動物とは違う、人間には生涯にわたって崇高な精神に止揚しようとする機能が備わっている」という立場で、「君のような者が医学部に行くから日本の医学はダメなのだ」と言われました。今から考えると教授は科学万能主義に毒された学生の私の考え方を指導されようとされたのかもしれません。現在ではこの狼少女の話は信憑性が疑われると言われていますので、その意味では教授は正しかったのかもしれません。教授の本心を理解できなかった私の未熟性も反省しています。しかし、この時の悔しい気持ちが反面教師となり、私を生命倫理学へと向かわせてくれたのかもしれません。今では懐しい思い出となっています。ただ私はその後、教養課程から医学部に進級し、基礎医学では澤瀉先生の医倫理を学びました。さらに、人類遺伝学の世界

に入って、ますます教授が嫌がった「生命論的な人間理解」へ向かったような気がしています。

　さて、20世紀になって生命科学の発達にともない、生命の誕生から人間の進化の道筋が科学的に理解できるようになりました。また、生物の行動もゲノムに支配されるものが見つかり、行動遺伝学という新しい領域が発達しています。人間の倫理行動も基本的には動物の行動と考えることができます。この流れの中で、生物学者のドーキンス（リチャード・ドーキンス、1941〜）は「利己的遺伝子論」という学説を展開し、「生物の個体の倫理行動はゲノムが地球環境の中で『生き残る』ために個体行動を規定しているように見える」という大胆な意見を述べました。動物の本能的な行動を観察したうえで唱えられた説です。人間のようにきわめて高度に発達した社会行動について、利己的遺伝子で説明するのは限界があります。人間が利用する情報単位は遺伝子だけでなく、社会的遺伝子または情報遺伝子とも呼ばれる「ミーム」の役割が大きいのです。しかし、私たち生物系の人間にとっては、地球型生命の適応と進化を理解するうえで、利己的遺伝子論は大きな衝撃となりました。

　新しく開学する看護大学で担当する生命倫理学の講義を準備している最中に、もう一人、私が強く影響を受けた生命論学者がいます。それはノーベル賞学者で、当時ベルギーのルーヴァン大学の生化学教授のデューブでした。彼もドーキンスの影響を受けた一人ですが、「クリスチャン・ド・デューブ：生命の塵−宇宙の必然としての生命（1996）」から引用してみましょう。この中に「倫理観の生物学」という項目がありますが、彼はある生物学者の「倫理学を哲学者の手から奪い取り、生物学的に扱う時代がきた」という意見を引用したうえで、「倫理原則はカントが言うような『無条件的命令に従う』のではなく、『社会の選択や変化にさらされる宿命にある』という相対主義的倫理学*の利点に注目すべきだ。この思想に進化論的な思想が加わると、『倫理的な規則は生物の進化および文化の進化とともに試行錯誤によってつくられ、選択されてきた』可能性がある」と述べています。

---

*自律や公（おおやけ）の幸福、公平性のバランスで倫理規範が決定されるという説。本書で採用しているビーチャムの倫理分析技法もこの流れです。

　実は、本書で私が主張している「倫理は善悪を基準とした社会のルール」に過ぎず、「倫理行動が人間の高度な社会生活を可能にした」という考え方は、上記のデュープの考え方を前提に考えたものです。生命論的倫理行動決定論は決して私のオリジナリティを主張するつもりはなく、デュープの説から当然の帰結として生まれてくる考え方ではないかと思います。ドーキンスの言う遺伝子そのものではありませんが、現生人類の優れたコミュニケーション能力や文字などのミーム（社会的遺伝子）によって、高度な社会生活を可能とするルールが作られました。個々のルールが発生する動機には「個人あるいは小さな集団に限られた快楽の追及」から「社会全体の利益をめざした」功利主義的な背景があったのでしょう。さらに「たくさんの独立した社会集団の中で、高度に発達した社会がダーウィン的な淘汰圧（食料の獲得競争、戦争や災害による生き残り、生殖行動の有利・不利など）を受け、進化の途上で選択されて現代に至った」と考えるのです。

　大切なことは「社会を形成する小さな集団単位がルール作りに励んだ」ことなのです。個々のルールは試行錯誤を経て作られていきました。失敗を繰り返しながらその集団にあったルールが定着していったのです。「どのようなルールが社会に役立つのか」という経験則から「義務論的な倫理感」が個人の「意識下」に植えつけられていったのではないでしょうか。結果的にこのような人間の努力が社会の高度化を招き、個人の利益に還元されて人間を地球生命の覇者に育てていったのでは、というのが私のシナリオです。

　現生人類の進化の歴史から考えることもできます。現生人類（ホモサピエンス）は20万年ほど昔にアフリカに誕生しました。当時、アフリカの東部の平原には多くの種の旧人類が誕生していました。旧人類の中には高度に発達してアフリカからアジア大陸に渡った第1期の旧人類（ジャワ原人など）や、ヨーロッパ大陸に渡った第2期のネアンデルタール人もいます。現生人類は少し遅れてアフリカの一部に発祥し、10万年ほどたってヨーロッパやアジア大陸に拡がりました（第3期のグレイトジャーニー）。ヨーロッパでは2万年以上もネアンデルタール人と現生人類（フランスの現生人類はクロマニヨンと呼ばれますが、同じ地域にネアンデルタールの遺跡も残っています）は共存していました。交流があったという説もあります。体格的にはネアンデルタール人のほうが優れていましたが、現生人類のほうが繁栄し、ネアンデルタール人は滅びてしまいます。同じように言語をもち、家族生活を

行っていたネアンデルタール人ですが、現生人類は複数の家族が一緒になって高度の社会生活を行っていたと考えられています。この高度な社会生活を可能にした背景には言語能力がネアンデルタール人より優れていたためではないかと指摘されています。言語能力により高度な倫理行動が生れ、さらに高度な社会生活を導いたと考えられます。結果的には倫理行動の優劣が人類の進化において、ダーウィニズム的な淘汰圧になったのだろうという考え方です。

　哲学の専門家には叱られるかもしれません。これまでそのような学説は聞いたことがないし、エビデンスがないではないかと指摘されそうです。そのとおりなのですが、学生に生命倫理学を講義してきた経験から、少なくとも医療系学生にとっては哲学的な解説よりは「容易に理解してもらえる」理論だと考えています。また医療現場で遭遇した数々の事例の倫理分析経験からも矛盾しない仮説です。倫理規範は「集団により異なり、普遍的な規範はないこと」、異なった集団の倫理規範のある程度の共通性は「種としての人間の基本的な生活行動の共通性」から説明できるなど、人類集団を大局的に見た場合、この生命論的な倫理行動の発生仮説は現場の観察とそれほど矛盾しないと考えられます。一つの仮説と考えておいて下さい。

5 義務論的な思想と功利主義的な思想の対比を理解するために

　少し哲学的な議論に偏りましたので、義務論的な思想と功利主義的な思想を対比して理解するために少し例題で議論しましょう。生命倫理学の講義で私がよく学生に質問する例え話があります。

　早朝のことです。あなたは道を急いでいますが、目的地に行く途中に歩行者用信号がありました。信号は赤でした。見通しのよい道路で、車は走っていません。あなたは信号を無視して横断歩道を渡りますか？

　30年ほど昔の教育現場の体験では、関東の学生は「信号を守る」が多かったのに対して、当時から関西の学生は「安全を確認できれば渡る」という意見が圧倒的に多かったような気がします。しかし、最近では関東でも後者の意見が主流になってきたように感じています。数年前のイギリスのロンドンでの経験では、メインの道路ではない側道では若い人のほとんどが信号無視で、「車もいないのに信号を待っているのは日本人だけ」という経験もしています。一方、30年以上も昔のド

イツ留学時代には、ドイツ人がイタリア人のことを「信号も守れないバカな国民だ」と言うと、イタリア人が「ドイツ人は車もいないのに信号で待っているバカな国民だ」と揶揄するという話を聞きました。さすがにドイツ人はカントの国、イタリア人はルネサンスの国と感心したのを覚えています。イギリスはベンサムやミルの国なのでしょうか。

　ステレオタイプの議論は避けねばなりませんが、この議論も「ルールを守る」ことが善につながるという義務論的な考え方と、結果主義すなわち「幸福（当事者が遅刻を免れる）につながる」ことが善という功利主義的な思想の対立と言えます。

　しかし、「では、隣で小学生が信号が変わるのを待っていても、あなたは渡るか」と聞くと、多くの学生は「その時は渡らない」というでしょう。その理由を聞くと、「足が遅い小学生が真似をしてついてくると危険」とか、「大人は子どもを教育する義務がある」などという「他人の利益、幸福」を考えた意見が返ってくるでしょう。厳密には「結果を意識した」決断で、功利主義的な思想ともいえますが、利己的な目的ではなく、人間愛に基づく無意識的な行動に近い善行と考えることもできるでしょう。ただ、横に立っていたのが小学生ではなく「交通警官だった」のでという理由なら、これは社会的共感を得ることは少ない功利主義的行動と言わざるを得ません。

　純粋理性に基づく無意識下の善行はもちろん存在すると思います。現代功利主義のところで紹介しましたが、私自身はこのような自然発生的な（無意識下）の善行も人間が進化の過程で利益を求めて試行錯誤しながら自然に無意識下の行動規範となったという生命論的な倫理発生機構を考えています。とりあえずは、学説にはこだわらず、人間の無意識に習慣化された倫理行動には「義務論的な行動と功利主義的な行動が混在しているのだ」と考えておけばよいと思います。

　医療現場では結果主義が求められることが多く、功利主義的な思想に偏る傾向が強いことは確かです。例え話ですが、

あなたは手術を受けることになりました。その病院には2人の外科医がいます。1人は病院での地位も高く、素晴らしい人格者で、患者にもとても親切です。ただ手術の腕はいまひとつと評判です。もう1人はブラックジャック的な人格

で、愛想も悪く、人格的にも悪い評判だらけの医師です。しかし、彼の手術の腕は素晴らしいと評判です。あなたは、どちらの医師に手術して欲しいですか。

たいていの方はブラックジャックに手術して欲しいと思うでしょう。医療は結果が重視されるのです。ただ、現実の医療現場では真面目に努力した医師のほうが信頼できる技術に到達している場合が多いのが普通です。しかも現代医療はチームで行うので、ブラックジャックは小説の世界の話でしょうね。

功利主義的思想は行政の場でも費用対効果の判定や公平性（多数決の原理）を担保するために利用されることが多いのですが、この場合、「暴走」をいかに食い止めるかということが最大の課題になります。「暴走」は社会秩序の混乱や少数の利益の切り捨てなど、非倫理的行動へつながりやすいからです。功利主義自身も選好功利主義（暴走しない条件を探す）とか、2重結果原則（悪いことを前提に良いことをめざしてはならない）や均衡原則（正しい目的のために医療上どこまで原則を曲げられるか）によって理論的調整が試みられてきました。

学問的な議論はともかく、医療の現場では原理・原則を遵守しつつも、結果を重視する功利主義的な思想が主流で、医療側の当事者集団が作成したガイドラインにより暴走を自己規制するというスタイルが採用されているのが現状です。しかし、わが国の社会は昔の修身教育の例で説明したとおり、もともと歴史・文化的に義務論的な思想傾向が強いのが特徴です。公では「たてまえ」が重視されますが、普段の生活では「本音（結果主義）」と「たてまえ（義務論）」を使い分けて暮しているのです。このために、医療と社会の接点では様々な干渉が生じていることも理解しなくてはいけません。本書がめざしている倫理分析では、本音もたてまえもすべて網羅的に提示したうえで、個々に分析して最後に統合作業により、「とりあえずの結論」を出して前に進もうという技術をめざしています。このためにビーチャムとチルドレスが提唱した原理・原則主義に基づいた倫理分析手法を解説しましょう。

3章 医療現場における倫理分析をめざして

■1 ビーチャムの原理・原則主義による倫理分析

　具体的な分析手法は本書の後半で紹介する「事例検討」で演習しましょう。ここでは基本的な原理について学んでください。

　倫理分析を行う際に一つ注意しなければならないことがあります。倫理分析は、「対立する意見の、どちらが正義なのか」を判定する裁判とは異なります。主体者の、ある「行為の倫理性」を分析する過程です。医療現場で行われる倫理分析では、「患者中心医療」の原則に従って「患者」が主体者として設定される場合が多いのですが、医師を主体者としてその行為の倫理性を議論することもあります。また主体者を特定せずに、ある行為の背景にある「技術」や「思想」の倫理性を議論することも少なくありません。「勝ち負け」を決める裁判とは大きく異なる点です。このように、「行為」の主体者が誰かによって分析の流れが異なることがあります。しかし、どのような場合も、自律原則、無加害原則、善行原則、正義原則の4原則に基づいた分析を行っていきます。

　基本的な流れは、それぞれの原則を個別に分析した後、最後に統合して「とりあえずの結論」をまとめることにあります。看護領域で教えられている倫理学ではさらに他の原則を加えて医学倫理と看護倫理の違いを強調している理論もありますし、エンゲルハンスなど研究倫理でよく利用される理論では自律原則を中心に善行原則を加えた2原則を重視する傾向もあります。正義原則は功利主義的な判断が強くなる傾向があり、他の原則と対立する場合もあるのですが、「対立の背景に真理がある」ことも多く、生命倫理学を学ぶ立場からは、まず4原則を対等に扱って「議論する」というビーチャムの方法論を練習するのがよいと思います。それぞれの原

則のポイントを解説します。

1）自律原則　principle of (respect for) autonomy

　現代倫理思想の基礎となる原則で、その発祥は第2次大戦中に行われた医学的な生体実験とそれを裁いたニュールンベルク裁判にあります。「嫌なことを強いられる」ことが非倫理的という思想で、医学研究を対象としたヘルシンキ宣言の基本原則となりました。研究倫理審査（研究倫理委員会で扱う倫理分析）だけでなく臨床現場の倫理分析でも、最も優先される倫理原則です。

　患者の「私は○○したい」という見掛け上の「決断」の裏には、患者自身の生育歴、教育、職業、自己体験、家族関係、社会的立場の影響は当然ですし、決断に直接影響する「欲」、「利益」、「恐怖」、「使命感」、「倫理観」など多くの個別の心理的背景があるはずです。「見掛け上の自律的決断」だけでなく、患者の「人格的な背景」も理解しておいたほうが、倫理分析はスムーズに行きます（カウンセリングの世界ということになりますが）。

　もう一つ注意しておくことがあります。主体者の自律的な決断が「倫理的」に重要と書きましたが、例外もあります。主体者である患者の利益が、第3者の利益に「相反」する場合があります。裁判では「利益相反」といって、例えば雇用者と被雇用者の利益が対立した場合です。多くの場合、被雇用者は対等に自分の利益を主張できません。この場合は法的代理人を設定するのが原則です。研究の倫理性を議論する場合でも、研究者が自分の研究で、研究資金を提供された会社の製品の品質を否定するような研究結果が出たとします。もし、研究者が会社が不利にならないようデータを改ざんして発表したとしたら、これは大きな倫理違反です。最近の医学研究では研究発表の前に「利益相反はありません」と宣言することが多くなりました。政治の世界でも「忖度（そんたく）」は日本的な美意識とされますが、背景には「利益相反」の非倫理性が常に隠れている可能性があります。

　倫理分析は裁判ではないので「代理人」を立てることはありませんが、やはり「利益相反」が問題になる場合があります。本書で扱った事例としては「重症新生児の医療」や「出生前診断」が一つの例です。親権をもった親が、「障害児を育てるという労苦から逃れたい」という気持ちは、条件によっては社会的な賛同を得る場合がありますが、その場合でも新生児や胎児の命を犠牲にしなければなりません。こ

3章

　　　　　私の生命倫理学ノート

こに「利益相反」の可能性が生れます。ベビー・ドゥの事例で説明しましたが、アメリカの裁判は陪審員制度で、基本的には多数決で裁判結果が決まります。親権には子どもを庇護する義務も含まれるため、社会的公平性を堅持する目的で、「親権の一時的な委譲」が行われます。一方、日本では裁判所の社会的見識と中立性を信じるという歴史的思想と、新生児や胎児は「相反する利益を主張しない」ことから、子ども側の法的代理人が立てられることはありません。また、「親権は絶対的に強い」ものです。一方、倫理判断は裁判ではありませんが、「利益相反」はやはり倫理的には大きな問題です。

　しかし、ここで議論が分かれると倫理分析が隘路に陥ってしまいます。これを避けるため、「自律分析の段階」では、主体者である親の「自律的決断の背景となった因子の分析」に留め、最後の正義原則の段階で親の自律的決断は「社会的に同意できるか」という議論を行います。「代理人の主張」を社会的判断に委ねるという方法をとるのです。

　ビーチャムの倫理分析の特徴は個々の原則を「個別に議論」し、最後に「統合」して「とりあえずの結論」を出す点にあります。結論を出すための議論に「必要以上の時間をかけることができない」医療現場の特殊事情を配慮した方法論なのです。

　最後に患者の好ましい自律的決断を導くためのシステムについて説明しておきます。治療の選択場面で、決断を「自律的に決定する」、わかりやすく言うと自己決定すると言っても、患者は医学の素人ですし、特に先端医療技術については独りで自己決定することはきわめて困難です。医療現場では患者は「弱い立場」にあるため、見掛け上は自律原則が守られているように見えても、実際は周囲の圧力に屈して「やむを得ず同意した」例や「制限された（あるいは間違った）情報提供により納得させられる」例もあります。また、個人だけでなく周囲（夫婦、家族）の同意を含めた自律的決定が求められる場合があるという、わが国独自の文化も配慮する必要があります。一般の医療分野では、好ましい自律的決断を促すためにインフォームドコンセント（IC）の徹底という形で対応しています。倫理的な課題が多い遺伝医療分野では患者の自律的決定を助ける役割は、「遺伝カウンセラー」という専門職になります。「自律原則」を議論するうえで、「遺伝カウンセリング」は特に重要な課題になってきますので項をあらためて解説します。

2) 無加害原則　non maleficence

　たとえ「自ら決定した行為でも、それが自分自身を傷つける行為となることは倫理的でない」という倫理思想です。自殺を禁じたキリスト教の背景もあるでしょう。また、「患者から請われても毒薬を処方しない」という、ギリシャ時代のヒポクラテスの誓いに由来する原則でもあります。医学研究の場では、人体実験が行われることがあり、本人の意志に反するような自律原則を無視した研究は論外ですが、もし本人が同意した場合でも、その副作用や被害は非倫理的と考えます。

　わが国では自己犠牲（時には自殺すら）が美徳とされる場合もあり、宗教や歴史・文化的背景の違いがあるので、無加害原則の「害」の議論を始めると混乱することがあります。この段階の分析では「その行為が患者や家族にどのような不利益を招くか」を客観的・網羅的に分析し、その不利益の内容を評価するのが実際的です。この原則も社会正義の立場から許容されるかは正義の原則の分析にまわします。

3) 善行原則（与益原則）　beneficence

　善行原則は医療を提供する当事者の行為が「善行」に基づくかどうかを倫理学の立場から評価します。用語として「善行」は、「善とは何か」という哲学的な命題の追及や道徳の議論に陥るおそれがありますし、わが国では善行という用語が誤解される危険性があります。もともと善行にはキリスト教的背景があり、欧米では個人的な善行（慈善）は福祉の原点とされますが、わが国では福祉は行政の責務であり、立場によっては善行が悪い意味での「恩恵主義」と批判される可能性があります。また前回の戦争中に使われた軍隊用語の「善行章」のイメージがあるかもしれません。個人のレベルでは善行が美徳であることは議論を待ちませんが、わが国の医師／患者関係に父権主義的背景があることも忘れてはなりません。本書では一般的に使われている「善行原則」を用いましたが、「恵仁」とか「与益」という訳語もあります。倫理思想の上からは、個人の利益だけではなく、最大多数の利益に向かう行為がより善行と考えられるという功利主義的な意味を込めていますが、実際の分析では、とりあえず「患者や関係者がどのような利益を得るか」を網羅的にリストアップすることから作業を始めるのがよいと思います。患者や周囲が受けると考えられる利益を「網羅的にリストアップ」して「第三者の立場」で客観的に判断するという方法論です。これらのリストアップされた利益が社会の立場から許容されるかどうかは正義の原則で一つひとつ分析します。

4）正義原則　justice and/or equality

　無加害原則と善行原則では患者や家族の立場（必要に応じて医療従事者など関係者の立場も分析する）を中心に利益・不利益を議論しますが、正義の原則では主として社会の立場からの分析に徹するのがよいでしょう。グループワークで、学生たちが最も「難しいと感じる」のがこの過程でしょう。「社会」には「職業的立場」、「地域文化」、「国家的立場」、「国際性」、「宗教的立場」など多くの集団単位があります。分析にはエビデンスの情報収集能力や社会経験の豊富さも武器になります。また、倫理思想の歴史的理解も必要とされます。社会的倫理規範に基づくと考えられる概念には、

①法律、裁判所の判断、医療ガイドラインや倫理ガイドラインも手っ取り早く利用できるエビデンスになります。ただ、倫理的解釈と法解釈は必ずしも同一ではなく、法律やガイドラインを金科玉条のように守るだけでは自由な倫理分析とはいえません。医療従事者としてジュネーブ宣言に盛り込まれた倫理原則やその他、種々の学説や理論も利用できます。

②前例のようなエビデンスがない場合は、映画や文学作品に出てくる主人公の行動、マスコミの風潮なども良い材料となることがあります。

　また、「社会正義」の構成因子として「公平性」や優れた「効果性」も厳密に吟味しなくてはなりません。科学的な常識や専門知識も必要となります。

　ビーチャムの欠点と指摘されることがありますが、正義原則で該当する行為の社会的効果を検証する際に、費用対効果など功利主義的な判断に流されると、他の基本原則と対立することが珍しくありません。そのために、最後の統合の段階でさらに調整する必要があります。実際に正義の原則で分析をすすめるチェックポイントを**表1**にまとめておきます。

5）統合作業

　倫理分析が終わったら、対立する原則結果や意見を調整して「とりあえず（一時的な）の合意」を作り出してみるのが現場では有効です。原則的には個人判断ではなく、グループ討論が有効です。「倫理」は限定された集団で善悪の基準で判断される社会ルールに過ぎないと「割り切った」ほうが倫理分析で「迷うことが少ない」というのが私の主張です。国が違えば国民の倫理規範が異なるのが普通ですし、日本人であっても職域の違いにより倫理観が異なる場合があります。もともと、ある時代のある地方で出現した合意（法律など）の過程にどのような文化的・地誌的背

表1　正義原則で分析するチェックポイント

1. 公平性のチェック
   患者が決断に迷った個々の選択肢は「社会で普遍的に認められている項目」か、IC
   の取得過程や医療行為はエビデンスに基づいた「正規の医療」か、決断は「悪いこと
   を前提に良い結果を狙っていないか（2重結果原則）」、皆がその選択をしても社会正
   義は守られるか、「少数の弱者の利益の切り捨て」にならないか、ガイドラインが利
   用できるか、倫理委員会・医事裁判・医道審議会の判断実績があるか、社会的な批判
   が予測できるか、など

2. 有効性のチェック
   費用対効果、治療結果の予測、副作用の発現、効果の判定方法、社会貢献の可能性な
   どを科学性・エビデンスに基づいて分析

3. 当事者の自律的決断、不利益の予測や利益の追及が社会的に同意が得られるかの議論。
   社会的正義を主張するためには次のような説得力が異なる背景を考慮して、別個に議
   論したほうがよい。
   1) 憲法、法律、裁判所の判決、ガイドラインを背景とした議論
   2) 倫理思想、歴史、国際常識、文学、マスコミの論調などを背景とした議論
   3) 個人的経験に基づく倫理観の応酬による議論

景が影響したのかを明らかにし、人間の倫理行動の機構を探るのが倫理学の研究手
法なのです。個人のレベルでも倫理観は人格の一部であり、一人ひとり異なるのが
当たり前なのです。だからこそ、グループで議論するのが重要なのです。倫理分析
の手法を用いると誰でも同じ倫理判断結果が出てくるかというと、それは間違いで
す。ただ、どの段階で意見が分かれたかが明らかになるので、議論による調整が可
能となります。多くの研究機関や医療機関で倫理委員会が設置されていますが、委
員が必ずしも「共有した倫理分析技法」を採用しているわけではないので独善的な
意見の応酬に終わる（声の大きな意見が勝つ）ことも少なくないと指摘されていま
す。また現場の医療では、対象となった事例の倫理委員会判断がすでに他施設でな
されている場合、その結果を利用して議論を省略することがあります。医学的診断
が同じでも事例ごとに背景が異なる場合が多いし、一人ひとりの倫理委員の考え方
も異なります。過去の倫理委員会判断も参考にはするべきですが、新たに委員会で
判断する意義は大きいと思います。

2 倫理分析の現場で必要になるその他の倫理思想

1）医療以外の社会事象における倫理分析

医療現場におけるビーチャムの倫理分析の概略は理解していただいたと思います

が、一般社会における社会事象の倫理判断に応用しようとすると、それほど容易ではありません。NHK「ハーバート白熱教室」で有名なマイケル・サンデルは自律原則を「人権主義」の立場に置き換え、正義原則を「功利主義」的な見地から議論するスタイルをとっています。確かに政治や経済など、現代社会の倫理問題を議論する場合は人権主義（個人の人格の問題）と功利主義（最大多数の利益）の立場から対比させて議論することは実際的と思われます。

　さらに、医療倫理の延長上にある特殊な分野といえますが、医学的な研究倫理は現在、研究倫理委員会で活発に扱われています。研究倫理委員会は「研究を推進させる」とか「新薬や医療技術の開発」という当事者側の「目的」があります。このため、原理原則主義だけで議論することは患者側の福利を追及するという「目的論」的には困難を伴う場合があります。事例集でも「プラシーボ（偽薬）の投与」で扱いましたが、医倫理の立場であるヘルシンキ宣言と、企業倫理の立場に立つICH-E10規約*が対立する場面も出てきます。日本でも、先端技術の応用については、国民の健康を守る立場の厚生労働省と産業を育成する立場の経済産業省との間で倫理的な考え方の違いを感じることがありますし、アメリカでもWHOとFDA、あるいは国防省の姿勢が異なる話は映画の題材になったりしています。研究倫理については、第5章で解説します。我田引水になりますが、近年の生命科学や医療技術の発達は、倫理判断を高度に複雑化していますが、これも人間の倫理行動が試行錯誤をしながら高度化していくという生命論的な発生理論を裏づけていると思います。

2）社会契約論の応用

　次に社会契約論的な思想を応用する例を紹介しましょう。特に社会事象の倫理判断において、別の考え方を導入しないと解決が難しい場合があるという例です。

　自分の子どもと他人の子どもが溺れています。あなたは一瞬迷いましたが、自分の子どもを先に助けました。もう1人の子どもは残念ながら溺れてしまいました。あなたの行為は倫理的だったと言えるでしょうか。

　生命倫理学ではよく引用される事例です。「命の貴さ」は現代生命倫理学では何

＊独立行政法人医薬品医療機器総合機構がまとめたガイドラインの臨床試験に関する規約。

よりも優先されるべき項目です。ではその命に序列をつけることができるかという問題です。金持ち、VIP、性別、社会的立場、病人など、序列をつけて救命していくということは、原則的に医学では非倫理的と判断されます。原則的と書いたのは例外があるからです。昔から医学教育の現場で用いられてきた教育技法があります。「金持ちと貧乏人が同時に診察を求めてきたら、どちらから先に診察するか」という教授の問いに対して、少しでも学生の返答が遅れると、「重傷者から診るに決まっているだろう」と一喝するのです。これは医学的な解釈です。背景には、人間の命の価値に貧富の差はないという人道主義の考え方と、まず「重傷者から先に診察して処置をした後、軽傷者の治療を行うと2人の命を救命できるかもしれない」という「最大多数の利益」を考えた医師の判断があります。後者は功利主義的な判断です。この考え方を発展させたのが災害医療現場で採用されるトリアージです。助かる見込みのない患者の治療はしません。災害現場では治療を求める患者に対してマンパワーも治療器具・薬剤も絶対的に足りません。その環境で、負傷した患者全体の「救命率を高める」という功利主義的な思想です。ただ、これは災害時の医療に限定して採用される医療思想で、平時の医療に応用してはいけないことになっています。医の原点は「命の貴さ」を守ることであり、人間の命の重さに差はないと考えます。なぜ「命」が貴いのかについては、「人格」の尊重に源を発していて「自律原則」を守る重要性の背景となっています。

では、事例の場合にどうすればよいのかという問題です。もし、「わが子を後回しにして他人の子を助けた」場合、母親の自己犠牲的な行動は社会的な称賛を得るかもしれません。特に母親が小学校の先生とか、救命救急士の場合、公的な立場を私的な立場に優先させたと判断されるでしょう。わが国では文化的背景から称賛される場合が多いと思います。しかし、「母親にそのような選択を強いる」ことは果たして倫理的でしょうか。社会の目からは公平な選択かどうかが判断規準になることが多いのですが、「公平な選択」とはどのような選択なのでしょうか。公平性を担保するためにクジでも作りますか？　周囲の人に問いかけて多数決で決めればよかったのでしょうか？　難しい問題です。

功利主義的な考え方では社会の「最大多数の最大利益」を追及しましたが、このような場合、「契約論的な考え方」を採用することがあります。1700年代のフランスの哲学者ルソーの社会契約論に由来する考え方です。社会といっても個人が関係

する社会には多くの分集団があり、それぞれ社会契約の重さが異なるのが普通です。社会的な分集団の例として、宗教、家族、友人、職業、市民、国民そして地球人等など、われわれは色々な分集団に属しています。最大多数の利益といっても、個人は最初から大きな集団レベルの利益を目標にするのではなく、個々の集団の契約の重さに従って約束を果たしていくだろうという考え方です。

　この思想の基となったルソーの考え方では「個々の国民を中心とした小さな契約が組み合わさって最終的には国家を形成する」ということから政治哲学や法律の世界ではよく引用されます。彼の社会契約論が最終的には「個人の権利（基本的人権）の重視」に行き着く点を、さすがにフランス人的な考え方として評価したいと思います。商取引により複雑な経済機構ができ上がっている現代社会ではこのような契約論的な倫理が重視される場合があります。さて、家族は基本的な分集団で、家族は強い絆で結ばれています。「わが子を助ける」という行為を優先させても不思議ではないとの考えも成り立ちます。しかし、もし母親が小学校の先生だった場合には「預かった子どもの救命」は学校と親という限られた社会集団内の契約です。家族の契約と職業的な契約のどちらを優先させるべきかの議論になるでしょう。法律では尊属殺人の刑が他人の殺人より刑が重いことは皆さんもご存知でしょう。家族の絆は社会の統制にもつながり、日本のような中央集権国家の歴史が長い国や、儒教的な道徳観が強い国では特に重視されるでしょう。特に、医師と患者間の医療契約は社会的にもきわめて重視される契約であることを知っておいて下さい。医師という職業の倫理規範になっているジュネーブ宣言では「医師・患者間契約」は宗教や国家的契約よりも優先させるべき契約であるとの立場をとっています。

　結論として、家族という集団はきわめて重い契約のもとに成立していること、社会を構成するうえで家族の結束は重要だということから事例のような場合、自分の子どもの救命を優先しても必ずしも非倫理的とは言えないという考え方も無視してはならないと思います。社会に対する「普遍的義務」と「契約に基づく義務」を分けて考えることは現実の社会ではよくあることです。

3）人格論による議論
　人間を能力や可能性だけから評価した「人格」を人間性の尊厳の条件と考えると、様々な状況（精神機能の高度障害、新生児や胎児など社会参加していない人格）の

患者と接する医療現場では問題が生れます。人種、宗教の違い、健康な人と障害者、若者と老人など、人格に序列をつけることが人権を害することにならないかという人格論（パーソン論）の論争が始まります。

　わが国の医師国家試験では「行きすぎた」パーソン論を差別思想と結びつける解答が正解とされます。しかし、「パーソン論は悪い思想として論争は終わっている」と単純に決めつけてはいけません。実は、人格論争は「人間とは何か、自己とは何か」という西洋哲学の歴史の中で中心的命題でした。現在でもそれは変わっていません。現代医療思想の一つである「QOL（quality of daily life、生活の質）重視の思想」はパーソン論の延長思想とも考えられます。単に命を救ったり、検査データの改善だけが医療の目標ではなく、患者の生活の「質」（＝命の質）の改善が目標なのだという思想です。

　もともと現代のパーソン論（人格論争）は産科臨床の現場で「母親の命と胎児の命のどちらを優先するか」という議論から生まれました。中世以来、ヨーロッパでは宗教的背景（人間は生きることで罪を犯す、胎児はまだ何も罪を犯していない）から「胎児を優先する」のが当然でした。もちろん母親の命を助けることができなかった当時の医療技術が背景にあったことを忘れてはいけません。第2次世界大戦の後、産科医療の発達や公民権運動の影響で、胎児の命に関する論争が活発になりました。

　条件（母親の命を救う）によっては中絶は道徳に反さないというトムソン（ジュディス・トムソン）の考えから、胎児は6〜12週目に「人格をもつ」と考えたプロディー（バルーク・プロディー）、胎児が人格をもたない理由を自己意識の欠如に求めたトゥリー（マイケル・トゥリー）（彼の思想では新生児も人格をもたないと考えます）、さらにフレッチャー（ジョゼフ・フレッチャー、1905〜1991）は「生命の質」には生物学的生命に加わる人格的生命があるとして「母親の命を優先する考え方もありえるのではないか」と主張しました。

　これらの議論に共通しているのは近代科学と人権論争が背景にあり、カント以来の生命の哲学的解釈を現代的理解に向けたのです。宗教的束縛を否定したわけで、これが生命倫理学の発展を促したといえます。しかし、「人格に序列をつける」ことが人権主義に抵触するのではないかという懸念が生れ、わが国では優生論批判の過程として「パーソン論＝悪」という思想に結びつける傾向があります。

　パーソン論を功利主義的な考え方と考え、その行きすぎを義務論的に抑えるという方法論は一つのわかりやすい方法なのですが、厳密に言うと義務論もパーソン論的な背景があるのです。「カント以来」と記述しましたが、実はカントの哲学も人間の本質を人格の定義から始めた「人格論」から出発しています。私の学生時代に倫理学の教授が「動物と人間は異なる」と主張した背景です。

　エンゲルハート（エンゲルハート・H・トリストラム、1941 〜）は現代の代表的な倫理学者ですが、彼は人格を「生物学的に存在する人格と、社会的な人格（自己意識＋自律的判断能力＋道徳的観念をもつ）に分けて考えるべきだ、社会的人格が侵されている場合は、その程度に応じて道徳的人格のレベルが下がることも止むを得ない」と主張しています。本書の事例解説で述べますが、「胎児の社会的人格を証明できない」ことから「出生前診断」を擁護する欧米的な思想の基になっています。社会的人格の中の「自己意識」はきわめて重視されます。デカルト（1596 〜 1650）の「我思う、故に我在り」の考え方です。このように西洋哲学の歴史では、義務論も功利主義も「人格論」については程度の差はありますが、同じ立場をとってきたと考えられます。

　実際に医療現場における倫理論争はこの人格論争の延長である場合が多いことも事実なので、倫理分析では命に序列をつけるような行為も「初めから全否定するのではなく」、他の思想と比較しながら柔軟に議論をすすめる態度が重要です。

自律的決定を助ける専門職、遺伝カウンセラーとその遺伝カウンセリング理論について

■1 カール・ロジャースの「患者中心療法」

　遺伝カウンセリングは心理臨床の現場でも用いられるカウンセリングの応用分野です。まず、カウンセリングの理論がどのようにして生まれたかを理解しましょう。ブラム・ストーカーの小説「吸血鬼ドラキュラ」は皆さんもよくご存知でしょう。原作には19世紀後半から20世紀初めのヨーロッパの精神医療の実態が詳しく描写されています。精神病患者は収容が中心で、とても近代医学と呼べるものではありませんでした。フロイト（ジークムント・フロイト、1856～1939）が精神分析理論を樹立して、ようやく精神科学が近代医学の仲間入りをしたともいえます。フロイトはユダヤ人だったため、第2次世界大戦の時代には迫害を受けました。精神病の治療は戦後になって薬物療法が主流になりますが、心理療法の分野ではフロイトやユングの理論は現代なお多くの研究者がいます。精神分析を応用した治療はきわめて専門的なので、精神科専門医が扱う領域ですが、アメリカ人のカール・ロジャース（1902～1987）は患者の人格や精神的治癒力を信頼し、対話により治療を行う新しい技法を開発しました。心理的・身体的侵襲が少ないため、精神科医ではない心理専門職に受け入れられ、「患者中心療法」として有名になりました。心理療法の世界では、現在では多くの特徴ある技法が開発されていますが、カウンセラー・患者関係など心理カウンセリングの基本的態度として、ロジャースの理論や技法は今なお尊重されています。

■2 優生学と優生運動の理解

　カウンセリングが精神医学の領域で生まれた歴史を説明しましたが、今度は「遺伝」カウンセリングの歴史です。近代的な遺伝カウンセリングが生まれた背景には

4
章

私の生命倫理学ノート

20 世紀の近代遺伝学の発達だけでなく、国際的な社会背景の歴史が大きく関係しています。人権問題など倫理と深く関わるところですので、少し詳しくまとめておきます。

　進化論を唱えた遺伝学者 C. ダーウィンの孫である F. ゴールトン（フランシス・ゴールトン、1822 ～ 1911）は優生学（eugenetics）という用語を新しく作り、育種学や品種改良の基礎学問として発達してきた遺伝学の理論を、人間の改良に役立てようとしました。1900 年（同じ年に「メンデルの法則」が再発見され、近代遺伝学の時代になりました）の時代的背景は帝国主義の時代です。現在の国際協調主義の時代と違って、帝国主義国家は多くの植民地を獲得し、一国で政治・経済・文化を完結します。国民すなわち支配民族は被支配民族に対して優秀でなくてはいけません。イギリスはアングロサクソンの優秀性を、ドイツはアーリア人の優秀性を、日本もヤマト民族の優秀性を喧伝しました（帝国主義＝資本主義という意味ではありません。当時は共産主義も優生論を採用しました。むしろ共産主義国家のほうが戦後も優生思想が形を変えて残ったと言われています）。このように、当時の未熟な遺伝学の理論を応用した優生学は競って国策に導入されたのです。もちろん、遺伝子組み換え技術どころか、遺伝子の概念もまだ未熟だった時代ですから、「良い資質を後世に残す」という「積極的な優生技術」は存在せず、手段としては「悪い資質を次世代に残さない」という「間引き思想」しかありませんでした。アメリカでは 1907 年に「断種法」が成立しています。優生学というと、ナチスドイツの専売特許と思われている方が少なくありませんが、実は最も研究や施策が進んだのはアメリカです。当時のアメリカ人は、宗教的倫理観が強いヨーロッパと比較すると、社会的ダーウィニズムなど科学思想に偏りやすい性向があったこと、列強に負けない近代国家成立をめざした意識が強かったこと、移民国家として犯罪の抑制政策などが優生学を発展させたと言われています。断種法はヨーロッパでも次々に施策化されていきました。特にドイツでは、第 1 次大戦後の社会不況が背景にあり、優生学は優生運動へと進展しました。T4 計画と呼ばれた精神病患者の抹殺計画（実際に精神病院で 20 万人もの患者がガス室で殺されました）から、ホロコーストと呼ばれたユダヤ人の抹殺計画に発展しました。

　ヨーロッパの第 2 次世界大戦はニュールンベルク裁判で総括されましたが、裁判は「人道主義を侵した罪を糾弾する」という姿勢で貫かれました。

第2次世界大戦の悲劇を優生運動が大きく増幅したとの反省から、戦後は優生学は否定されました。近代遺伝学の理論からも変異遺伝子は突然変異やその他の理由で補われ、遺伝子頻度は平衡を保ちますので、優生学は理論的にも問題がありました。社会的には優生学の過ちを次の3つにまとめることができます。

① 「非遺伝形質まで遺伝と考えた」学問的未熟性。このため、障害者をはじめ幅広い社会的弱者が対象になったこと
② 「病的な遺伝子を撲滅するために『断種法』という法律」で規制され、個人の意思は無視されたこと
③ 「優生運動という社会運動」につながり、悲劇が増大したこと

3 わが国の優生運動の拡がりと、敗戦後の混乱

　わが国でも戦前の1936年に日本民族衛生協会が「断種法案」の原稿を発表して優生法の成立をめざした活動が活発になりました。そして、1940年に帝国議会で「国民優生法」が成立しました。1933年に制定されたナチスドイツの遺伝病子孫予防法がモデルになったと言われています。ドイツはもちろん、欧米諸国では戦後、「断種法」や「人種差別」など、優生思想に基づいた法律は廃止されました。

　しかし、戦後の日本は「欧米とは違った歩み」を選んだのです。わが国では終戦直後の「社会対策」に必要との考え方から、国民優生法は名前を変えて優生保護法（1948年）として残りました。必要な「社会対策」としては、当時は戦地からの引き揚げ者があふれた社会的混乱の中で、親のないストリートチルドレン（浮浪児と呼ばれました）が都会にあふれていたなど、「貧困と人口増加対策」の必要性があったこと、ヤミ堕胎の被害が後を絶たなかったことなどが挙げられます。

　思想的背景としては人口増加が貧困を招き、社会が混乱することを強く警戒した「新マルサス主義」運動の影響もあります。少し説明しておきます。近代経済学によると、マルクス的な資本主義経済の発展は市場の拡大によって支えられます。日本は敗戦によって市場が崩壊し、戦地からの引き揚げ者や帰国軍人も加わりました。戦前の軍国主義による「生めよ、増やせよ」運動の影響もあり、敗戦直後に一気に過剰な人口をかかえたのです。同じ経済学者のマルサスによると市場は人口によって支えられますが、過剰な人口は貧困や社会不安の原因となり経済を疲弊させます。マルサスは「道徳的な方法」によって人口の調節が必要と考えましたが、敗戦直後の日本は、戦前の軍国主義への反動もあり、なりふりかまわない「産児制限」

4
章

私の生命倫理学ノート

へと向かいました。「家族計画」や「避妊技術」を普及させようという運動（日本家族計画協会）も起こりましたが、手っ取り早い「人工妊娠中絶」の自由化へと社会は動いていったのです。この思想は「新マルサス主義」と呼ばれました。

　優生保護法が、わが国では社会党を中心に国会に上奏された時代的背景です。お茶の水女子大学の大学院生だった近藤弘美は大学で開催された第7回国際日本学コンソーシアムで「優生法にみられる日本人の倫理観」というタイトルで講演しましたが、「この時代にはこの法律の『優生思想よりも産児制限』が注目されたのではないか」と述べています。私も同感です。この「戦後の優生法」にも堕胎手術に関する条文はそのまま残っただけでなく、翌年の1948年には人工妊娠中絶の理由に「経済的理由」も加わりました。占領軍司令部のGHQが日本の特殊事情を配慮して旧厚生省の役人たちに施策を任せたことが要因の一つという意見もありますが、戦後の日本は、戦後復興をめざす中で優生保護法が産児制限のための法律として拡大運用されていったと考えられます。

　私が医学生になった頃（1960年代）は、わが国の妊娠中絶件数は年間100万人を超えていると言われていました。刑法の「堕胎法」では非合法な中絶を禁じていたのですが、全く形骸化してしまったのです。もちろん、優生手術の安全性を確保するために優生保護法では一定の技術をもち資格を公表できる指定医（現在の母体保護法指定医）を資格化（1948年）するなど、対策はとられましたが、別の見方からは優生手術が商業主義的な背景をもちながら医療の中に地位を築いていったという面も見逃すわけにはいきません。1996年の母体保護法への改正時に人工妊娠中絶の「経済的理由」の削除に反対する医師の声も強かったのです。

　医学は発展しましたが、現代遺伝学の正しい普及の遅れも一因となり、このような日本的な倫理観が形成されていきました。当時は優生保護法の人権侵害的な側面を意識する日本人は少数派であったといえます。その後、何度か法改正を繰り返しましたが、「優生学的な思想」が制限されることはありませんでした。
　アメリカの公民権運動の一つと考えられるリプロダクティブ・ヘルス＆ライツ思想の影響や、わが国だけに残った「優生思想」や「堕胎法」に対する国際的批判を考慮して、ついに1996年に母体保護法と名前が変わり、「優生手術」は削除されました（らい予防法の廃止も同年です）。しかし、すでに指摘したとおり、産児制限

を容易にする「経済的理由」による中絶は残ってしまったのです。わが国では戦後50年も優生思想に基づいた「堕胎手術」による人権侵害が続いたとのことで、現在わが国では裁判が行われていることは皆さんもご承知だと思います。

少し、詳しく優生学の歴史を紹介しましたが、わが国の遺伝医療の発展に国民感情がどのように影響を与えたかを理解するため、わが国の歴史的理解はきわめて重要です。1960年代から普及した羊水検査に対する反対運動も深く関わっています（事例検討の「出生前診断」の項でわが国の反対運動の歴史について詳述します）。

4 遺伝カウンセリングは「優生学」への反省から生まれた

さて遺伝カウンセリングが生まれた「きっかけ」についてお話します。戦後はDNA構造の決定やヒト染色体核型の決定など、現代遺伝学がめざましく発展しました。かつての優生学への反省から、人類遺伝学者たちは「新しい遺伝学」を人類の幸福のために役立てようと、「遺伝カウンセリング」を提案しました。「遺伝カウンセリング」という用語を最初に使ったのはアメリカの人類遺伝学者S. リード（シェルドン・リード）で、1950年代の中頃のことと言われています。彼は戦後まもない時期に広島・長崎の原爆の遺伝学的影響を調査するために来日したこともあります。当時の話を、私はわが国で最初に大阪大学に遺伝学講座を設置した恩師の吉川秀男先生から聞きました。このように「遺伝カウンセリング」という言葉は1970年以前に来日した遺伝学者からすでに日本に入っていましたが、1972年と1974年にはアメリカ人類遺伝学会がワークショップを開催して遺伝カウンセリングの定義として、「家族内の遺伝的異常について、発病、あるいは発病の危険率に関係した、人間としての問題にまつわる対話過程（カウンセリング）」とまとめました。正しい情報を提供すること、法律ではなく「カウンセリング」という方法で、クライエント（カウンセリングでは「患者」という言葉は使いません）の自律的決断を尊重するという点で、かつての優生相談とは一線を画したのです。「断種法」時代のアメリカでは「優生思想」を背景に強い人権侵害が行われたことを強く反省したのです。このように、遺伝カウンセリングは優生学を反省した人類遺伝学者の悲願として誕生したのです。

5 わが国における遺伝カウンセリングの発展

「遺伝カウンセリング」という新しい思想は日本にもすぐに入ってきました。黎

明期の日本では遺伝カウンセリングは人類遺伝学の研究者や、人類遺伝学に興味をもつ医師により始まりました。わが国では「遺伝相談」と呼ばれ、当時、日本遺伝学会から分派独立（1956 年）した日本人類遺伝学会でも、「遺伝相談ネットワーク委員会」が結成（1972 年）され、1974 年には委員会が作成したプログラムによる遺伝相談研修会（遺伝学の基礎から遺伝相談まで）が企画されています。少し詳しく言うと、遺伝カウンセリング・ネットワーク委員会は日本人類遺伝学会が組織したのですが、背景には学会と「日本学術会議」が協同で構想していた「人類遺伝学将来計画案」（発表は 1974 年）に基づいたものでした。しかし、その後、将来計画案の内容に優生思想がみられるということで、日本人類遺伝学会の一部の会員を中心に新たに日本臨床遺伝学会が分派し、混乱が続きました。ようやく 2001 年に日本臨床遺伝学会は日本遺伝カウンセリング学会と学会名を変更し、遺伝カウンセリングに特化した学会として、日本人類遺伝学会と協同歩調をとることになりました。日本の人類遺伝学や遺伝カウンセリングの歴史の中にも混乱と苦難の時代的背景がみられます。

　「遺伝相談」思想が日本に紹介された当時に医師となり、遺伝の専門医をめざしていた私は、「遺伝相談」に夢中になりました。本書のプロローグで紹介した研修医時代の頃の話です。当時のわが国の医療は父権主義（パターナリズム）の傾向が強く、「相談」は遺伝の専門家である医師が「患者や家族」に正確な遺伝情報に基づいた行動指針を、「指示的に教え諭す」というスタイルが多かったことを覚えています。この時代に東京医科歯科大学難治疾患研究所に属しておられた人類遺伝学者の大倉興司先生は精力的に「遺伝相談普及活動」を行いました。「医師遺伝カウンセラー」と、一定の研修を受けたコメディカルスタッフ（保健師が中心）が協力してカウンセリングを行うというスタイルを考えられ、日本臨床遺伝学会で「医師遺伝カウンセラー」を資格認定し、日本家族計画協会の協力のもとで保健師の研修活動を実施されました。私も大倉先生からは多くのものを学ばさせていただきましたが、心理臨床の現場で効果をあげていたロジャースのカウンセリング技術の影響や海外の遺伝カウンセラーの制度化の現状を見て、わが国も専門職（非医師）遺伝カウンセラーの養成をめざすべきではないかということで、現在の認定遺伝カウンセラー制度の確立へと向かいました。

6 ロジャースの患者中心療法の遺伝カウンセリングへの応用

　臨床遺伝専門医の基礎研修を終えた私は、兵庫医科大学遺伝学講座に所属し、医学生時代にお世話になった吉川秀男先生（日本の医学部で初めての遺伝学講座を大阪大学に開講した遺伝学者）や古山順一先生（細胞遺伝学の研究者で私の師匠）のもとで、大学病院内に臨床遺伝部を創設し、遺伝臨床や遺伝カウンセリングを行っていました。当時はまだ遺伝カウンセリングに関する理論は確立されていませんでした。その頃、わが国では医科大学の新設ラッシュという背景もあり、私立の医科大学では教育環境の整備に躍起になっていました。若手教員の私は教務委員会に所属していたこともあり、学長命令で日本医学教育学会の教育技法に関する研修会を何度も受講しました。その研修で「教育原理」という教育理論に触れることができ、行動理論など多くを学びました。カール・ロジャースのカウンセリング技法はこの研修会で初めて知ったのです。研修会では「学生に机に向かうという行動変容をいかに誘導するか」という行動理論の一つとしてロジャースの考え方が紹介されただけで、「指示を絶対にしないという変った理論」という印象しか受けませんでした。その後、私は東大阪市立障害児療育センターをお手伝いすることになり、小児科医として週に1度、障害をもった子どもや家族の方と接しました。センターの所長の奥様が臨床心理士だったこともあり、センター附属の図書館に岩崎図書の「ロージャス全集」が置いてありました。「ロージャスって、ロジャースのことかな？」と軽い気持ちで手に取って眺めたのが縁で、1年以上かけて20巻以上の全集を読破しました。読みはじめた最初の印象から、これは遺伝カウンセリングの「カウンセリング理論」として使えると感じたのです。その当時は先輩のカウンセリングを真似たり、自己流で行っていた遺伝カウンセリングの技法でしたが、私が遺伝カウンセラーの教育現場で採用してきた「クライエント中心の遺伝カウンセリング技法」はこうして生まれました。当時、私が講義を分担していた兵庫医科大学の医療社会福祉学講座の杉本照子教授や教室スタッフからもロジャースについては多くを学んだことも付け加えておきます。

　ロジャース理論の遺伝カウンセリングへの応用について簡単にまとめておきます。遺伝カウンセリングを必要とするクライエントは、決して精神的な病気をもっている「患者」ではありません。カウンセラーはクライエントと対等な立場で対話を始めなくてはなりません。

　まず、教育原理の立場からの定義ですが、遺伝カウンセリングを「クライエント
の好ましい行動変容をめざす過程」と定義します。「好ましい」は次のような背景
をもっていると考えます。

①遺伝医学や医療の考え方に矛盾しない

②クライエント自身が自分の人生観や日常生活に合致していると感じることができ
　る

③法的・倫理的に社会通念と矛盾しない

　そして、その「行動変容」はクライエントの「自律的な決断」によらねばなり
ません。ロジャースの理論によると、人間は「こうありたいと思う自分の気持ち」
と、「現実の自分」の認識の間にギャップがある（自己不一致）時に、ストレスが
発生する（心理臨床ではこのストレスが病的状態を生み出す）のだから、「自分の
気持ち」を「現実の自分」に自己一致させるとストレスがなくなると考えます。こ
のような「行動変容」を導く技術がカウンセリング理論なのですが、ロジャースは
3つの要素にまとめました。

①カウンセラーが患者の人格を認めたうえで、患者の気持ちを「絶対的に受け入れ
　る」こと（絶対的受容）

②カウンセラー自身は完全に自己一致していること（カウンセラーの自己一致）

③患者と「対等に対話」できる人間関係を築く（人間関係の樹立）

　以上の3つに注意すれば、「ああすべきだ、こうすべきだ」など指示をしなくて
も、クライエントは自然にカウンセラーの考え方を学び、自分の力で「好ましい方
向（先にあげた3つの条件）に自己変容」するのだと考えました。このような自己
変容は強制的な指示による行動変容と異なって、「習慣化しやすい」というのです。
きわめて「容易に理解できる理論」なので、心理の専門職ではない医師や遺伝カウ
ンセラーにも理解が容易です。

　「指示的行為を控える」は「ロジャースの非指示療法」として有名になりました
が、固執しすぎるとカウンセラー／クライエント関係を損ねることがあります。ロ
ジャースは長い期間にわたって活動しましたが、晩年になってからは「私なら○○
するだろう、でも貴方は私とは違う、貴方にふさわしい選択があるはずだ」という
実存主義的なカウンセリングについても評価しています。

　ロジャースの理論を遺伝カウンセリングに応用してみましょう。遺伝カウンセ
ラーは「適正な遺伝情報や遺伝学の理論を学んでいるだけではなく、医療や社会に

関する豊富な知識」をもち、「自分だったらどうするか」、信念をもっているはずです（カウンセラー自身の自己一致）。そのようなカウンセラーであれば、その信念をクライエントに無理に指示しなくても、クライエントは遺伝カウンセラーとの良好な対話関係により、自然にカウンセラーの考え方を学び、「自分で決断することができる」ように行動変容できるだろうと考えます。自分で決断した行動は「強い行動変容への原動力」になりますし、そのような行動変容は「習慣化」しやすいのです。

　自分の考え方をクライエントに強制してはいけないということから、ロジャースの技法は「非指示的カウンセリング」と呼ばれます。アメリカ人類遺伝学会の遺伝カウンセリングの定義にも合致しますし、特に遺伝カウンセリングで扱う内容は高度な倫理的課題を含むことが多いので、ビーチャムの倫理分析におけるクライエントの「自律的決断」を促す介入技術としてもロジャースのカウンセリング技法は特に優れているのです。

7 遺伝カウンセリングの現代医療における新しい役割

　もともと遺伝カウンセリングは、遺伝性疾患に悩む家族を対象にした対話過程として生まれた経緯があります。決して「強要」ではなく、「自律的な決定の援助」を目的にカウンセリング技術が考えられてきたことを紹介しました。この「自律的な決定の援助」はクライエントの人権を守るという、倫理原則にも合致します。また、倫理的に社会の同意を得やすい自己決定に向かわせるという倫理行動の目的にも沿ったものです。

　倫理的課題が大きい医療技術（例えば胎児スクリーニングや出生前診断）では、「遺伝カウンセリングが必須」という考え方がわが国でも定着してきました。もう一度まとめておきますが、倫理的課題が大きい医療技術を患者に提供する場合、なぜ遺伝カウンセリングが必須なのか、生命倫理の立場からは、

①患者の自律的な自己決定を援助する（自律原則）

②その過程が、本人の幸福に結びつくだけでなく、医学的にも社会的にも同意できる方向性に向かわせる（無加害、善行原則）

③研究者や医師の「暴走」を防ぐ（正義原則）

そのために先端医療の現場では、専門職の遺伝カウンセリングが有効であると考え

られます。しかし、それほど簡単にはいきません。

　一例を挙げます。新しい技術として普及が始まっている NIPT（非侵襲型遺伝学的検査）ですが、日本での普及の最初の段階では対象や施設条件を限定して「研究的」に行われました。施設の必須条件とされた遺伝カウンセリングについても研究が行われました。遺伝カウンセリングでクライエントに提供すべき「情報」についても、マニュアルが作成されました。私はある施設のマニュアルを一読する機会を得ましたが、科学的な情報提供が中心で、「説明だけで 1 時間はかかりそうな大部作」でした。確かにクライエントの「自律的決断」には正確で適正な情報の理解が必要です。ただ、情報の理解だけでは前に述べたクライエントの「好ましい行動変容」は起こりません。NIPT の遺伝カウンセリング現場ではカウンセラーとの対話は 15 分から 30 分というのが相場のようでした。これでカウンセリングといえるのかという問題が残ります。また、わが国では出生前診断に対する国民的合意が得られていないため、研究開始にあたっては「NIPT 研究は生むことを前提とした研究だ」という声も聞かれました。しかし、結果的には検査で陽性となり、羊水検査でダウン症と確認された事例の 98％以上が妊娠継続をあきらめていたことが確認されました。その後の現在にいたるまでの医療現場の状況を見ますと、「NIPT 研究はもともと医療を提供する側の強い商業主義的背景をもとに開始され、形式的には遺伝カウンセリングが必須条件にされましたが、その倫理的配慮は十分な役割を果たすことができなかった」と、私は個人的には「総括」しています。今後も NIPT は遺伝カウンセリングが必須と学会が指導していますが、専門職の遺伝カウンセラーの確保が難しいこともあり、産婦人科医自身が遺伝カウンセリング資格を保証する臨床遺伝専門医の資格を取得するという動きがみられます。しかし、「倫理的」には妊娠継続をあきらめるための手術を行う可能性のある産科主治医が遺伝カウンセラーを兼ねることはできません。一種の「利益相反」と見なされる可能性があります。ヨーロッパでは遺伝カウンセラーや臨床遺伝専門医の独立したカウンセリングが行われてから、一定期間の日数を経ないと産科医の対応ができません。考える時間を確保するという「倫理的な判断」でもあります。

8 カウンセリング技法に関する今後の課題

　私は遺伝カウンセラーの養成課程でロジャースを応用した遺伝カウンセリング理論や技法を教えてきました。ただ、ロジャースは心理臨床の現場で利用する技法と

してはいくつかの欠点があります。第1にクライエントに及ぼす力が必ずしも「強力」ではないことです。クライエントが正常な判断力や決断力を備えていることが前提で、危機介入など強い介入が必要な心理臨床の現場ではロジャースは適応ではありません。逆に心理臨床の専門家ではない医師が、もし好ましくない介入を行っても、クライエントへの被害は最小限にすむという利点があることも確かです。第2の欠点はカウンセリングに「時間がかかる」ことなのです。カウンセラー／クライエント関係が樹立したうえで情報提供を行う、カウンセラーは一切の指示的行為を行わず、自然にクライエントがカウンセラーの考え方を学ぶようにしなければならないので、時間がかかるのは当然です。またロジャースの技法は、専門職であるカウンセラーへの教育が難しい点です。経験者が実際にカウンセリングを行う場に学生に陪席させて指導するのが理想的です。昔は多人数の学生を教育するために、カウンセリングの実際をこっそり録音やビデオ撮影して作成した教材をもとに教育がなされた時代もありましたが、現在ではそれはできません。私はロールプレイという方法や、POS（問題解決型医療記録）という一定の約束で書かれたカウンセリング記録をもとに個別に指導していました。ただ、この方法でも限界があります。

　遺伝カウンセラーや臨床遺伝専門医を対象とした遺伝カウンセリングの技術講習会や資格試験ではロールプレイが利用されています。ただ、どちらかというと疾患別の遺伝情報をいかにうまく提供するかに重点が置かれ、上手くいってもカウンセリングの基本対応の教育に限られると思います。資格取得後のカウンセラーの生涯教育が重要な課題なのですが、遺伝カウンセラーは現場で「一人職種」であることが多いため、資格更新制度により自己学習を促したり、更新時研修などで対応しています。

　いずれにせよ、「情報提供」だけでは「自律的決断」が偏る可能性があり、「倫理的に配慮された医療」とは言えません。「なぜ遺伝カウンセリングが必須なのか」という必要性の原点は、「クライエントの自律的決定（自律原則）」を保証することと、「好ましい行動変容に導く（正義原則）」ことが目的なのです。

　ロジャースを応用した「クライエント中心型の遺伝カウンセリング技法」は現代の生命倫理を重視する医療思想に合致しているカウンセリング理論であることを強調しておきたいと思います。

5章 医学研究の現場における倫理判断 －「倫理委員会」の歴史

　人間を研究対象にしなくてはならない医学研究の現場では、「倫理委員会」が必要との考え方から、現在80を超える医科大学だけでなく、看護系大学、総合病院まで倫理委員会＊が設置されています。

　私は1993年の開設に伴って府立看護大学に赴任しましたが、看護研究倫理委員会を組織し、10年間にわたって倫理委員会副委員長（委員長は学長）として修士・博士課程の看護研究の倫理委員会審査を指導した経験があります。わが国で最初に倫理委員会が設置されたのは徳島大学医学部で1982年のことでした。看護大学の倫理委員会規約の作成にあたって徳島大学の倫理委員会規定を参考にさせていただいたことを覚えています。その他、大阪府立の病院の倫理委員会外部専門委員や、兵庫医科大学の遺伝関連倫理小委員会の外部専門委員を経験しました。

　さて、倫理委員会の歴史と現状を簡単に説明し、生命倫理学との関連性に触れたいと思います。最初に断っておかねばなりませんが、現在、わが国で膨大な人数の方々（医師、研究者、その他の研究・医療関係者、事務職員、外部専門委員など）が倫理委員会に関係した仕事をされています。研究倫理の専門的な研究者も少なくありませんが、大部分の方々は生命倫理学の教育を受けているとは言えません。現在、倫理委員会における「審査の質」が問題になっていますが、一つには生命倫理学の教育が不足していることが指摘されています。本書の目的は生命倫理学の基礎教育にありますので、専門的な研究倫理学については成書に譲り、ここでは基本的事項の解説に留めたいと思います。むしろ、倫理委員会に関係する方々の基礎教

＊最近では倫理審査委員会の名称に統一される動きがありますが、本書では倫理委員会を採用しています。

育が本書の目的の一つなのです。

1 倫理委員会の歴史

　近代医学の発達に伴い、 第2次世界大戦以後の1950年頃からアメリカ国内で「非人道的な医学研究」が目立つようになり、1960年には一部の研究が告発される騒ぎが起こりました。NIHとFDAが中心となり、「第3者によって医学研究の是非を審議する会議」の設置が必要だという見地から、「研究倫理審査委員会（IRB：Institutional Review Boad)」の設置を義務づける法案が可決されました。これが倫理委員会の発祥となりましたが、NIHは「人間の健康を守る立場」、FDAは「医薬品開発研究の立場」であるため、微妙な意見の違いがあり、その不一致は現代まで続いています。例えば、FDAは「インフォームドコンセントの重視」でよいと考えましたが、NIHは「もっと厳しい関係者の議論」が必要との意見が出されています。 この対立は本書の「プラシーボの投与」事例の倫理分析で少し触れています。倫理委員会ではありませんが、アメリカの病院協会は「患者の権利章典」を1972年に公示しています。このような動きが「倫理委員会」の発展に寄与したことも指摘しておきたいと思います。

　アメリカの動向を見て、1975年に東京で行われたヘルシンキ宣言で、初めて医学研究における「倫理審査」の必要性がうたわれました。私が、府立看護大学の倫理委員会規定を作成するにあたり、徳島大学の規約を参考にさせていただいたと書きましたが、徳島大学の倫理委員会規約は冒頭から「当該委員会はヘルシンキ宣言に基づき・・」という文章から書きはじめられていました。

　アメリカの研究倫理審査委員会はIRBの名前のとおり、各施設内に委員会が設置され、 わが国もそれにならったのですが、ヨーロッパでは「倫理的な独立性を守る」ために、委員会は地域に独立設置の形をとりました。名前も「研究倫理委員会（REC：Research Ethic Committee)」と呼ばれています。わが国では1975年に旧厚生省が「治験審査委員会」の設置を関係医療機関に義務づけましたが、ある意味ではこれは倫理委員会です。しかし、1982年に徳島大学は厚生省が管轄する治療研究とは別に「医療現場の医学研究を対象」とした倫理委員会を「自主的」に設置し、このことが先例となって全国の医系大学・研究機関に設置が拡がりました。これは「研究倫理委員会」と呼ばれることもあります。しかし人間を対象とする臨床医学は、医療行為の中に「倫理的課題」があるという考えから「病院倫理委員会

（HEC：Hospital Ethic Committee）」の設置も続き、現在に至っています。

2 倫理委員会の構成と運営 (表1)

　倫理委員会の役割と構成について、簡単に説明しておきます。もともとは「患者の人権を擁護し、非倫理的・非人道的な医学研究から患者の健康や幸福を守るための監視機構」が倫理委員会の目的です。

3 倫理委員会の今後の課題

　現在、わが国で倫理委員会の数は数百を超えていると言われています。倫理委員会の普及は患者の人権擁護や「患者中心の医療」の発達のために喜ばしいことなのですが、いくつかの課題も生まれています。第一に、これだけ倫理委員会が増えますと、「審議の質」の担保が大丈夫かという問題です。委員会関係者の生命倫理学教育の問題は指摘しましたが、「研究の妥当性を確保」するために「お手盛り」の委員会が組織されないかという国民目線の上からの不安が生まれています。「倫理委員会の認可が必須」という医療技術が増加したことが、わが国の倫理委員会数の増加の原因ですが、果たして個々の審査がきちんと行われているのかという疑問は当然でしょう。

　また、NIH と FDA の対立はいまだに残っていると言わざるを得ません。実際の審査で利用するガイドラインの多くは研究や検査を行う当事者グループが「自主規

表1　一般的な研究・病院倫理委員会の構成と運営上の特徴

・委員会規約：ヘルシンキ宣言に基づく
・委員会構成：多くの委員会では組織の最高責任者が委員長、施設の複数の職種の代表
　が委員（医師、研究者、看護職、事務員）、外部専門委員（法律専門家、他施設の専門
　職委員、一般市民）
・委員会運営：委員会の開催は外部専門委員の出席が必須、研究計画書の書類審査、研
　究者の面接、委員の間での審議討論
・判定：「認可」、「条件付き認可」、「不認可」で、罰則規定はない
・審議内容：
　　1）研究の妥当性
　　2）成果の社会的貢献の見込み
　　3）対象となった被検者の利益・不利益の見込み
　　4）被検者の権利の保護（倫理原則の遵守、IC の取り方、その他）
・その他：委員会の審議内容は「情報公開」が原則

制」を目的に作成したものが多いのです。特に海外で作成されたガイドラインをそのまま日本で参考にしてよいかという問題もあります。また、ゲノム医療など先端医療分野ではガイドラインが存在しない分野も多くあります。このような課題を倫理委員会で審議できるかという問題もあります。

次に委員会は倫理的に独立していなければならないのですが、「施設内」に設置された倫理委員会で「独立性」が担保できるかという指摘です。ではヨーロッパのように倫理委員会が地域に独立して設置されるべきかと言うと、研究者が内容に応じて「倫理審査が甘い」委員会に審査を提出するという指摘も聞えてきます。

その他にも、倫理審査に時間もお金もかかることが問題となっています。そのため、同じ内容の倫理審査が他施設ですでに認可されたという理由で、倫理委員会審査が省略されることも珍しくありません。病名や診断技術、医療技術は同じでも、患者の背景や施設環境は個々の事例で異なります。倫理分析は個別に行うのが原則なのです。また個人的な体験では、医学研究者が倫理委員会に提出する膨大な資料を製薬会社が用意している例を見た体験もあります。これは「利益相反」と言われても仕方ありません。

このような事情から厚生労働省を中心にわが国の倫理委員会の再構成をめざした動きがあるとも聞いています。ただ、倫理委員会が「患者中心の医療」を実現するためにわが国では多大な役割を果たしたことは事実です。生命倫理学を学んでいる皆さんは「倫理委員会はどうあるべきか」、倫理学の立場から議論できるようになっていただきたいと思います。

5章

私の生命倫理学ノート

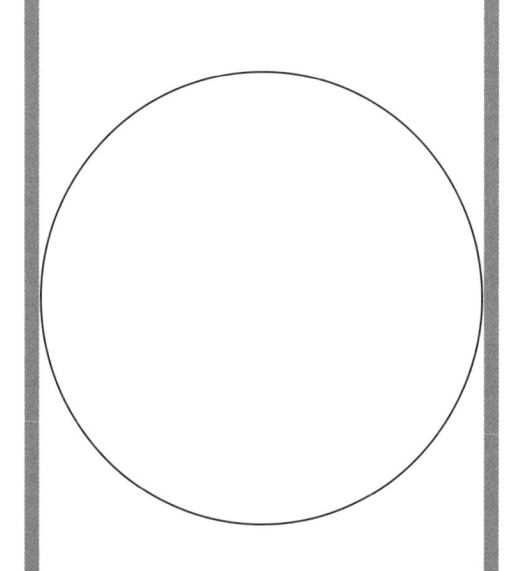

事例検討による倫理分析の演習

事例検討による倫理分析の演習

はじめに：演習の方法について

　医療現場で倫理的な背景が問題となる事例について検討を行ってみましょう。題材は私が生命倫理学の演習で用いている事例を中心に選びました。主に私自身が体験した事例をもとにストーリーが作られていますが、「はじめに」でお断りしたとおり、個人情報が特定されないよう色々な配慮がされていますので、ご承知ください。実際の演習ではクラスの学生さんたちを 6 名以下のスモールグループに分けます。司会役のリーダーと記録役を選び、教師の指示に従って議論を重ねていきます。大学院のゼミであれば、1 時間程度の演習指導をした後、1 週間後に発表討論という形にすると、学生さんも一人ひとり、情報収集したり、相談しながら議論を行うのでレベルの高い発表内容になります。1 時間程度の演習でまとめる場合はタスクフォースとして教員や先輩がグループにつくと効果が上がります。ただ、タスクフォースの役割は「必要な情報の提供」や「議論を活性化」することが目的です。グループの議論の方向の修正は必要最低限に抑えてください。タスクフォースはあくまで黒子に徹することが重要です。複数のグループが参加する場合は、個々のグループの発表の後で総合討論を行うのが効果的です。倫理判断は同じ分析方法を採用しても結果が異なるのが普通です。総合討論を始める前に、裁判になぞらえて「有罪か無罪か？」と結論を聞くと、グループによって結論が分かれるのが普通です。「なぜ意見が異なったのか」を議論することが倫理学習では重要なのです。ビーチャムの原理原則主義による分析技法は、どの段階で意見が分かれたのか討論によって明らかになります。さらに高度な議論に進んでいくことができるという利点があります。現代の日本の医療現場では純粋な研究機関だけでなく先端的な医療機関では必ず倫理委員会が常置されています。一般病院でも研究的背景や新しい技術のチャレンジが背景にある場合は倫理委員会にかけることは珍しくありません。ただ、倫理委員会の委員（医療従事者だけでなく、事務、法律関係者、外部専門委員など複数で構成）全員が倫理的な教育を受けているわけではないという背景もあり、倫理委員会の議論はどちらかというとマニュアルやガイドラインに沿っているかと

いう確認の作業が多いのが実情です。今後、倫理教育が行きわたると倫理学的な背景に基づいた議論が行われるような時代になるでしょう。

障害をもつ新生児の救命治療

事例演習 1

生まれたダウン症の子どもには十二指腸閉鎖があった。手術をしなければその子どもは生きることができないが、親は手術をしないことを決断した。倫理的な考察をしなさい。

　プロローグで紹介した私の自験例でもありますし、ベビー・ドゥの物語でもあります。すでに多く議論されているテーマですが、倫理分析の立場から簡単にまとめておきます。

1）自律原則による議論

　「手術をしない」という決断の多くは医師から誘導されるのではなく、夫婦の希望として提案されますので、普通は夫婦の自律的判断が背景にあると考えられます。しかし、時々夫婦の意見ではなく、夫婦の親の意向が強く働いている場合があります。また、夫婦間で意見が異なることもあります。時には医師の意見が強く影響していると思われる事例もあります。このような決断が、状況をすべて正しく理解したうえでの決断かどうかという「自律的決断」の質が問われることもあります。インフォームドコンセントや情報提供が適切だったかどうかは厳しく検討しなくてはなりません。

　夫婦の親が手術に反対しているということで、カウンセリングの別枠を設けて夫婦の親と面談することもありますが、きわめて不正確な理解や偏見が背景にあることは珍しくありません。最近、当該疾患の当事者団体の意見を聞くのがよいという意見もあります。ただ、団体に属していても一人ひとりの体験は異なります。当然、意見も異なります。一人ひとりは「経験者」であることは間違いありませんが、「医療者」ではありませんので、強い説得行為が原因になって、相談した家族が精神的な危機状態に追い込まれた状態になった事例もあります。私は当事者団体の出番はこの段階ではないと考えています。

　さて、この議論で避けて通れない議論があります。「利益相反」の問題です。意

思を表明できない「患児（新生児）本人」の利益や自律性をどう考えるのか、という意見です。これは正義原則での議論になります。無加害原則での議論も同様です。

2）無加害原則による議論

手術をしても、手術をしなくても、結果的に関係者への不利益をもたらす可能性があります。手術をしなかった場合、特にキリスト教社会では宗教的な罪に夫婦が悩まされる可能性がありますし、わが国でも社会的な批判にさらされる場合がないとは言えません。私の経験でも夫婦の離婚の原因になったことがあります。手術を決断した場合でも、副作用や原疾患の障害が原因となって、障害児をかかえた両親が社会的不利益を受ける可能性があることはプロローグでも触れました。

3）善行原則による議論

これも単純に考えると「手術をしないと患児が死亡する」ことを理解しながら、手術をしないと決めることはある意味では非倫理的なので善行とは言えない、という結論になりがちです。また、親が将来、「障害児を育てるという苦役から免れる」ことを理由に患児の死を受け入れるのであれば、これもきわめて強い利己的決断で、善行とはいえないという考え方もあります。

しかし一方で、「障害児を育てる」のが「苦役あるいは負担」かどうかについては、子どもの医学的条件、親の家庭条件、社会的条件で異なります。事例のダウン症は一般的にはわが国では社会の受け入れが悪く、自立困難な染色体異常とされますが、欧米ではダウン症は「条件が良ければ社会的自立が可能」な染色体異常です。家庭条件についても、すでに障害者の家族をもっている場合とか、両親の健康状態、経済状態など、個々の事例で異なります。プロローグの事例では、両親の婚姻状態に問題がありました。

「障害児として育って本人が苦労するのが可哀想だ」という意見は手術を拒否する多くの親の代表的な意見です。これは「親権」の延長上にある意見で、「親としての潜在的な観念」が表出していると考えられます。障害の理解不足や偏見が背景にあることが多いのですが、親としての子どもへの愛が背景にあるという意見もあります。このように善行かどうかの判断は簡単に決めつけることはできません。ここでは、「性別による選択」や「パーフェクトベビー願望」のような明らかに親の勝手としか思えない選別思想が背景にないか、議論しておき、判断は正義原則にまわされます。

4）正義原則による議論

　子どもの命を守る立場として、両親はきわめて重い法的責任があります。その親が子どもの生存を望んでいない場合、子どもの生存権は誰が守るのかという議論があります。社会的公平性を重んじるアメリカ社会ではベビー・ドゥの物語のように、裁判では親の親権を一時外して、子どもの法的代理人を他人に委託して議論するのが普通です。ただ、日本では子どもの基本的人権は憲法では認められているにもかかわらず、子どもの生存権を決める権利は親権の管理下にあると考えられています。その理由は、子どもの人格はまだ未熟という考え方です。特に新生児の場合、まだ人格はできておらず、胎児と同じように母体の付属物の延長上にあるとの考えが残っています。人格論的思想と言わざるを得ませんが、一方では現実的な判断との意見もあります。終末医療のあり方論と通じる問題でもあります。ベビー・ドゥも結局は生きることができませんでしたし、イギリスの例もあります。さすがにわが国でも幼児期くらいになると、インフォームドコンセントの必要性について、子どもに個別の同意を得る努力を省略してはならないという時代になってきましたが、少なくとも新生児の段階では実際上、子どもの意志を確認する方法はありません。

　わが国では適正なインフォームドコンセントが行われた場合での両親の決定は自律的な決定と認めるのが普通です。逆に、もし診断の間違いで手術の時期を逸して子どもが死亡した場合は、親の責任ではなく、医師の責任ということになります。精神的慰謝料だけでなく、損害賠償も請求されると覚悟しておかねばなりません。正確な診断と正しい予後の判断に基づくインフォームドコンセントを得る努力は医師にとってきわめて重い責任となります。

　善行原則では「障害児の養育を免れたい」という気持ちは一般には親の利己的な気持ちと判断されやすいと議論しました。しかし、本当に「不当な欲望」と一概に決めつけてよいのでしょうか。社会的立場は親ごとに違います。わが国の社会福祉の現状からは、どうしても障害児を育てる余裕がないという親を私たち小児科医は多く見ています。もっと重篤な染色体異常の事例ですが、私は出生直後に自分で診断し、手術で救命した子どもが小学生になって父親に殺された事件に遭遇したことがあります。何度もお会いして正義感の強い父親でした。また、次の事例の「重症新生児の治療」事例も参考にして下さい。別の事例では障害児の養育をめぐって夫

婦が離婚した例も経験しています。主治医の責任はきわめて重いものがあるのですが、一方では現状の社会機構に対する不満も大きなものがあります。このような、社会的公平性も正義原則で個別の議論を行うべきなのです。このため、欧米では里親制度とか養子縁組など色々な方法を導入して対応しています。血縁を重視する日本文化ではこのような制度が発達していませんが、民間レベルではそのような動きも始まっています。一度は検討するべきでしょう。

　さらに医学的な立場から「障害の重さ」に対応した基本的な治療方針を決定すべきとの意見があります。1990年代に重症心身障害児の治療指針を決める研究班が生まれて、「障害の重さを疾患別に分類して基本的治療指針を決める」という議論がなされました。仁志田委員会規約と呼ばれています。私も研究班の一つの船戸班で倫理的な議論に参加しました。ただ、この方針は個人的には完全に同意しているわけではありません。例えば、私の研修医時代にはダウン症の心臓手術を行うかどうかは6歳くらいまで待って決めるというのが常識でした。現在では生後すぐに「積極的な手術をする方針」が常識となり、ダウン症の生存率は大幅に伸びました。生まれてから18トリソミーと診断された場合は「救命的な処置」を避けるべきと「昔の教科書」には書かれていましたが、現在では「両親が希望すれば」積極的な手術も行います。医療技術や社会思想の変化で、方針は大きく変わるのです。同じ医学診断でも発達や障害の程度は一人ひとり違います。家族の考え方も違います。診断名ではなく、親の意向も含めて個別に判断せざるを得ないと思います。もちろん、仁志田規約も標準的な治療指針として一つの参考として確認しなければなりません。

　事例の場合、私はこれまでダウン症の救命手術は積極的に行うべきという立場で患児のご家族に対応してきました。障害が重いかどうかは「社会的に自立できるかどうか」で判断する思想があります。ダウン症は「条件がよければ社会的自立が可能」というのが欧米的な考え方です。命の選別を「障害の重さの判断」で行うことは「人格論的な危険思想」なのですが、少なくともダウン症を重い障害と見なして「選別」の対象と決めつけることは、家族のためにも、わが国の社会福祉制度の発展のためにもよくありません。これは医師としての社会的責任論を背景とした思想ですが、適切な遺伝カウンセリングを行い、その上で最終的には「夫婦の決断に任せる」というのが現時点では現実的な倫理的判断ということになります。

事例演習 2　重症新生児の治療

新生児髄膜炎の診断で市中病院から大学病院に救急搬送されてきた生後5日目の新生児。高熱、呼吸や心音の切迫、痙攣発作、髄液の細胞数増加などの所見から予後絶対不良と判断し、保存的治療に留めるべきだという意見が強かった中で、主治医は「なんとか子どもの命を助けてください」という夫婦の願いを聞き入れ、脳室穿刺による抗生剤＋免疫グロブリン注入療法という当時としては積極的な治療を行った。救命は成功したが、水頭症が進行し、何度か手術が行われたが、その子は重症心身障害児になった。主治医の行動を倫理分析しなさい。

事例は重症新生児の救命をめざした例の倫理分析です。実は、私自身が小児科医になって1年目の小児科病棟における研修医時代に経験した事例です。当時はまだ小児科が管理するNICU（新生児集中治療室）は一般的ではありませんでした。文中の「主治医」である私自身の未熟な判断や医師として不適切な振る舞いがあり、紹介するのが恥ずかしい事例ですが、50年も昔の出来事であり、学生の皆さんのお役に立てればと思い、演習課題にしました。私自身が倫理的な判断をする際に「反省例」として常に思い出す事例です。

1）自律原則による議論

行為の主体者は主治医ですが、医療の主体者は患児と夫婦ですから、まず親権をもった夫婦の決断が自律的決断であったかどうかが倫理的判断の基になります。

積極的な救命が夫婦の自律的決断であったことは「見掛け上」は確かです。ただ、「すべてを理解したうえでの冷静な判断」かどうかの吟味は重要です。現代医療では「どのようにしてインフォームドコンセントを得たか」の検証はもちろん、適切な「セカンドオピニオン」が提供されたかなども重視されます。事例の場合、夫婦が半狂乱になっていた状態で、しかも経験が少ない研修医が短時間の間にどこまで十分なインフォームドコンセントを得ることができたか、疑問が残ります。大学病

院における研修現場での出来事ですから、上級医師の指導があるのが当然なのですが、当時の私たちの大学では大学紛争が背景にあり、小児科研修は青年医師連合という組織の管理下にありました。私たち小児科研修医は全員、入局していなかったため、医局（教授をトップにした教室員の連合組織）の先生方との関係も少しぎくしゃくしていたのです。もちろん、当時はまだIC（インフォームドコンセント）という言葉もありませんでした。患者への説明は、「ムンテラ（Mund Therapie に由来した和製ドイツ語で「口先による治療」の意）」と呼ばれていて、内容は医師の権威を背景に患者に説明する行為でした。

2）無加害原則による議論

　インターネットがない時代はそれが普通だったのですが、主治医は大学病院旧館の最上階にあり24時間利用できる医学部図書館にこもって文献検索を行い、脳室穿刺治療による新生児髄膜炎の治療成功例の論文を探し当てました。その論文のコピーを持って、脳外科医と相談して技術指導を受けたうえで、この治療法を主張しました。わが国ではまだ前例のない治療法でした。そのために、予後に関するエビデンスもほとんどありませんでした。一方、小児科の神経グループの先輩医師たちは、当時の新生児髄膜炎の一般予後から、救命率も低いし、もし助かっても発達障害が残る可能性があることから積極的な治療に対して慎重な意見が述べられました。主治医はこの「慎重な意見」についても夫婦に伝えましたが、夫婦の「命を助けて欲しい」という気持ちは変わりませんでした。保存的治療ではまず子どもの命は助からない、治療がうまくいっても発達障害などの副作用が残る危険性がある、これらが無加害原則でチェックしておくポイントになります。

3）善行原則による議論

　主治医の決断は「家族の希望」に基づいたものであり、救命を何よりも優先するという医学の倫理からも一見、善行に見えます。ただ、この主治医は「新しいものに挑戦する」という性向があったことは事実ですし（このことが後で厳しく批判されます）、病棟の研修制度の背景にも特殊な事情がありました。当時は大学紛争の影響下にあり、研修医たちは医局の専門グループの病棟回診は受けるが、教授回診は拒否するなど、きわめて複雑で異常な人間関係の中、指導を受けていました。主治医の決断の中に、大学紛争の基になった体制的な考え方に対する挑戦の気持ちがあったとすれば、それは善行とは見なされない可能性があります。

4）正義原則による議論

　現代倫理学の立場から考えてみましょう。「親の意思」は明らかですが、予後に関する情報など十分にインフォームドコンセントが得られたかどうかの疑問は残ります。新生児の医療では混乱の中で、短時間のうちに治療方法の決定がなされますので、仕方ない場合もありますが、この事例では態勢が十分であったとは言えないでしょう。

　特に、無加害原則で、脳室穿刺という治療の危険性や、原疾患の予後の予測が十分であったとは言えません。本書の最初のエピローグで、ダウン症の心臓手術には成功したが、後に原疾患による発達障害が残ったという理由で、医師が告知義務違反（十分なインフォームドコンセントを行わなかった）に問われそうになった例が紹介されています。後遺症の予測をきちんと理解させたうえで自律的な決定を促すことは、現代医療では重要なポイントです。患者の権利が重視される現代医療では「セカンドオピニオン」の提供はこの事例の場合、特に重要とされるでしょう。

　社会的に主治医の行為が支持されるかどうかという問題ですが、「たてまえ」的には新生児の救命をめざした主治医の行為が支持されやすいことは事実です。しかし、それには良好な予後（患者や家族の幸福につながる）の見込みが主治医に十分にあったかどうかが意見の分かれ目になります。不十分な見込みや無謀な行動は、たとえそれが「良い結果」につながったとしても倫理的には問題となります。正義原則で議論する場合の重要なポイントは、新生児髄膜炎の治療予後に関する十分な医学的エビデンス（これは 50 年前と現代で全く異なります）と、もし障害が残った場合の家族・社会関係の予測を含めた議論だと言えるでしょう。

付：その後の経過

　その後の経過を述べておきましょう。穿刺は新生児の大泉門の縁から脳室に向けて針を刺し、少量の脳脊髄液の排出と薬剤注入を繰り返すという、かなり大胆な方法で行われました。最初に得られた脳脊髄液は細胞数もきわめて多く白濁していて、ブドウ球菌と緑膿菌が検出されたのですが、2 回、3 回と抗生剤＋免疫グロブリンの注入を繰り返すごとに脳脊髄液は清明になっていきました。新生児の痙攣発作も収まり、呼吸も安定してきました。時々治療経過を診てくれていた脳外科が途中で頭皮下にバルンカテーテルを留置してくれましたので、穿刺は安全に、しかも容易にできるようになりました。患児は哺乳も可能となり、2 ヵ月で退院に至った

のです。「患者はモルモットではない」という考え方から現代では廃止されていますが、当時の大学病院は学用患者という制度をもっていて、医局の先生が制度を申請してくれたため、治療費や入院費用はほとんどかからなかったはずです。ただ、学用患者は研究協力はもちろん、昔の医学部の講義室の典型だった「階段教室」に運ばれて、医学生の臨床講義に協力しなくてはならないなど、色々の義務があります。医学部紛争の時代を経て、大学病院におけるこのような体制は大きく変わり、現代に至っています。

　私は治療経過を論文にまとめる目的で、詳細な記録を残していました。当時は製薬会社や医療機器メーカーのプロパーが病棟や医師の居室を自由に出入りしていた時代ですが、私が使用した免疫グロブリンの製造メーカーのプロパーが、臨床記録の一部のコピーを欲しがりました。薬品の調達にお世話になったこともあり、つい私は薬剤の投与記録のコピーを渡しました。後日、そのプロパーはお礼にと、モンブランの万年筆をくれました。

　そのことを私が病棟ライターの先輩医師に報告した途端、先輩医師の顔色が変わりました。「君は製薬会社と結託して患者をモルモットにしたのか！」と叱られました。そんなつもりは全くなかったのですが、先輩の怒りから自分の行為の間違いに気づき、私は愕然としたことを覚えています。民間企業と医局との癒着も大学紛争では厳しく糾弾されていました。週末に開催された研修医の総会で、私は同期生や先輩医師の前で長時間にわたって「自己批判」（当時の流行語で、反省の意を告白する行為）させられました。現代的にいうと私の行為は「利益相反」と言われても仕方ありません。個人情報の保護という観点からも問題です。結果的に私の治療決断は「善行」とは言えなくなるのです。

　その後、外来で患児をフォローしてくれていた先輩医師から「脳圧が上昇してきて脳外科手術を受けることになった」という報告がありました。その後、私は1年間の研修を終えて、2年目の研修を東京で受けることになりました。関西を去る直前に、主治医を勤めた患者の中で気になっていた何人かの子どもたちの家庭を訪問しました。事例の子どもは生後数ヵ月以上たっても首が座らず、寝たきりの状態でした。水頭症もだいぶ進んでいました。私は思わず畳に額をすりつけて母親に「技術が至らず、申し訳ありませんでした」と謝罪してしまいました。われわれ研修医は「安易な謝罪行為はかえって患者を『落胆させる』ので、医師は毅然としている

べきだ。患者の家を訪問したり、甚だしいのは患者の葬式に出席する研修医がいると聞くが、とんでもないことだ」と先輩医師から指導を受けていました。しかし、私の同期の小児科医師はお葬式の参加もこっそりと隠れて行う者が多かったようです。これも当時の時代的背景（「白い巨塔」への批判）でしょう。患児の母親は、「命を助けていただいて感謝しています」と何度も繰り返してくれましたが、私は暗い気持ちで帰路につきました。

　この話にはまだ、続きがあります。4年後に私は臨床遺伝専門医の研修を終了して、関西の大学の遺伝学教室に就職しました。アルバイトの意味もあり、私は完成したばかりのT市療育センターに月に2回のパートで勤めることになりました。なんと、療育に通っている子どもたちの中に患児がいたのです。当時は「福助頭」と呼んでいましたが、水頭症のため頭部がかなり大きく、車椅子状態でした。四肢の硬直改善と発達訓練の目的もあり、ボバース療法を行っていました。この時も私は、母親と子どもに対して「申し訳ない」気持ちで一杯になりました。しかし、母親は「この子がいなければ別の人生があったかもしれない。しかし、私はこの子と出会えて本当に良かったと思っています」と私を強く励ましてくれたのです。医師は患者に育てられると言われますが、その通りだと思っています。

　アメリカでベビー・ドゥ規制を法務省が立法化したとき、小児科学会が「法的規制ではなく、家族と主治医の話し合いに任せるべきだ」と反対して立法化の継続を阻止したことを紹介しましたが、一時の出会いだけでなく、長期的に子どもや家族を支援していかねばならない小児科医の気持ちは万国共通のものがあると思います。

事例演習 3　出生前診断

出生前診断を受けるという行為を倫理分析しなさい。

　医療現場では、「出生前診断を受けたい」という親を主体者と見立てて、個別にその倫理性を議論するのですが、ここでは「出生前診断」という技術そのものの倫理性を議論することになります。

　私は「出生前診断」と「胎児検査」を区別して使っています。本来は同じものなのですが、わが国の現状では区別したほうがよいと考えるからです。胎児検査は胎児の well being（福利）をめざした「胎児医療」の過程で行われる胎児のあらゆる検査を指しますが、染色体や遺伝子の検査もその中に含まれます。一方、「出生前診断」には、「健康な子どもを生むため」に健康でない胎児を「選別」するというイメージがあります。ここでは現在、一般的に行われている羊水検査など、後者のイメージが強い「出生前診断」について倫理分析します。

　出生前診断の倫理的側面については、これまでわが国では 40 年以上にわたって議論がなされてきました。出生前診断といっても、染色体検査、母体血清マーカー、胎児由来の DNA 検査によるもの、画像診断など、検査方法の違いから色々な種類に分けられます。診断の精度からもスクリーニング検査と確定検査に分けられます。ここでは、確定検査の代表である羊水検査を例にとって、出生前診断という技術を総括的に扱って議論してみましょう。

　まず、羊水検査の普及とわが国の反対運動の歴史について、私の体験をもとに解説します。倫理分析は背景となる「社会的条件で判断が異なる」場合があります。そのためにわが国の社会的背景は知っておかねばなりません。

(1) 出生前診断技術の歴史

　第3章で戦前の優生運動の反省から、新しい遺伝カウンセリングという技術が生まれたことを紹介しました。遺伝カウンセリングの普及とほとんど同じ時期に、

一つの画期的な医療技術が生まれました。それは染色体異常の出生前診断を可能にする羊水検査技術が 1960 年代後半に実用化されたことにあります。ヒトの染色体核型が決定されたのが 1956 年ですから、その応用の早さに驚かされます。さらに 1980 年代にはダウン症を宿した妊婦の血液では、 α フェトプロテインという胎児性タンパクの血清濃度が低いことを利用したトリプルマーカーテストというスクリーニング技術が誕生しました。アメリカの一部の州では母子保健政策の一端としてスクリーニング検査＋羊水検査の導入が開始されました。背景には、検査にかかる費用と生まれた障害児の福祉政策にかかる費用を比較した場合、費用対効果バランスは十分に成り立つという強い功利主義的思想が背景にありました。ただ、アメリカではそれまでに福祉政策に多くの税金を投入してきたという実績を無視してはいけません。ヨーロッパでもイギリスの人工妊娠中絶法（1967 年）の制定やローマ法王の羊水検査を一部是認する発言などをきっかけに各国で羊水検査の普及が始まりました。

　私は 1970 年代後半に西ドイツのキール大学で細胞遺伝学の研究を行っていました。当時、ヨーロッパでは羊水検査を受けて「生まれた」子どもたち 4000 名の長期追跡調査（副作用や社会的影響の調査）が行われていて、私がいた小児病院細胞遺伝部の教授が事務局長をしていました。1978 年に開催されたヨーロッパ細胞遺伝学会で調査の中間報告が行われたのですが、その会場のフロアから、サリドマイド事件のレンツ警告（1961 年）で本邦でもよく知られ、当時、ハンブルグ大学人類遺伝学教授だったレンツ博士（ウィデュキンド・レンツ、1919 ～ 1995）が突然、羊水検査の非倫理的な点を指摘して「反対発言」を始めました。騒ぎはすぐに収まったのですが、私は後で教室の同僚に、「一体どういうことなのだ」と質問しました。同僚は「彼はカトリックの立場から、いつもあのような態度をとるのだ。検査自体にはローマ法王も反対はしていないし、もし重い障害が見つかった場合でも夫婦の妊娠中絶の罪を神も問わないだろうとの発言があったのだ」と答えました。当時の西ドイツでは出生前診断による中絶を刑法の除外規定で対応していましたが、優生思想とみられてはならないと、後に医療適応で判断する法律に移行しました。なお北ヨーロッパはプロテスタントが強いのですが、ローマ法王の発言はキリスト教徒の国々に大きな影響力をもちます。基本的にはカトリックでは「受精の瞬間」から人間の尊厳が備わると考えます。歴代の法王によって発言は微妙に異なりますが、現在のフランシスコ法王は「女性の権利による中絶」に対しても厳しい意

見をもっていて、命の選別がありえる出生前診断を認めていません。日本はイギリスのワーノック委員会（1982年）の判断を採用して受精後14日までは胚の操作が可能ですが、イタリアなどヨーロッパの一部の国では着床前診断もできないのです。胚の操作が必要なES細胞の臨床研究もカトリックは認めてきませんでした。しかし、わが国の山中先生のiPS細胞は胚の操作を必要としないので、ローマ法王庁は「合法的」とみなした発表を行っています。このように、ヨーロッパでは宗教的な背景を無視することはできません。しかし、多くの国でスクリーニング検査＋羊水検査は「経済的に余裕がある家族だけが検査を行える」のは正義原則の公平性に反するという理由で、行政によって公的に行われているのが現状です。

アメリカでは遺伝カウンセリングを「クライエントの利益を守る立場の医療資源」として活用するという考え方がすでにでき上がっていました。公的な政策と遺伝カウンセリングを組み合わせることにより、かつての優生政策と一線を画す努力がなされました。イギリスも国民病であった神経管発生異常をスクリーニング検査するために母体血清マーカーテストを全妊娠に義務づけた（1990年）のですが、前もって専門職遺伝カウンセラー（看護師）を養成し、現場に投入したという歴史があります。さらに検査で陽性と診断された場合、「生むかどうか」は夫婦の決断に任せること、そして「いずれの決断をしても夫婦が社会的に不利益を被らない」ことを「国が保証」すると宣言し、生まれてきた障害児のための福祉政策に精力的に取り組みました。

（2）羊水検査反対運動の勃発 ―兵庫県の場合

わが国でも羊水検査は1970年になると急速に広まりはじめましたが、遺伝カウンセリングのあり方についてはまだ未熟な議論が続いていて、羊水検査が優生的な思想に結びつく危険性に対して、私自身も含めて研究者たちもきちんと対応することができませんでした。羊水検査の普及は、わが国ではすべての障害者や家族に、強い危機感をもって受け入れられていたのです。

私は1975年に兵庫医科大学遺伝学講座の教員になり、臨床遺伝部を立ち上げ、羊水検査も始めていました。当時、兵庫県は知事命令で「不幸なこどもをうまない対策室」を立ち上げ、羊水検査を行う妊婦に対して費用の半額を公的負担するという政策を準備していました。政策が生まれた背景について触れておきます。

　わが国における初期の重症心身障害児療育施設としては東京の島田療育園と滋賀県の近江学園（現在のびわこ学園）が有名です。私は東京の都立大久保病院で小児科医の初期研修を受けていた時、たまたま小児科部長が島田療育園の園長と同門（慶応大学医学部卒）だったので、お願いして見学に連れていっていただいた経験があります。もちろん、近江学園も見学に行きました。当時はヨーロッパから「閉鎖施設ではなく開かれた地域で障害児を育てるべき」ではないかという「コロニー思想」（愛知県立心身障害者コロニーや大阪の金剛コロニーはその思想から作られました）が導入されたばかりでしたので、障害児医療や療育のあり方について、仲間たちと熱い議論をしたことを覚えています。

　さてその後しばらくして、兵庫県の知事が滋賀県の近江学園を視察するという出来事がありました。知事は「このような子どもたちの出生は予防しなくてはならない」と考え、施設を見学した後、県庁に帰って「不幸なこどもをうまない対策室」の設置を命じたそうです。羊水検査を受ける費用を公的援助するという政策にはこのような背景がありました。兵庫県で羊水検査ができるのは私たちの大学と小児病院の2ヵ所しかなかったので、県の役人が遺伝学講座の教授の部屋をしばしば訪れて相談していたのを私は覚えています。県は1974年にこの政策を新聞発表したのですが、前年に発足したばかりの大阪青い芝の会という障害者団体が「羊水チェックを中心とした母子保健の名による行政指導中止要求書」を兵庫県に提出しました。この結果、県の「不幸なこどもをうまない対策室」事業は中止に追い込まれたのです。政策が新聞発表されて2週間もたたないうちに政策の中止が発表されました。羊水検査は福祉の充実につながらず、障害者の「生存権」を侵すのではないかという障害者の切実な不安、わが国の人工妊娠中絶に関する法的不備、過去の「優生思想」の復活ではないかという危機感が背景にありました。また、行政の責務は福祉の推進であるにもかかわらず、障害児を「不幸なこども」とみなした態度も関係者の怒りを呼びました。この運動は全国に拡がり、母子保健行政だけでなく、遺伝医療の普及にも大きな影響を与えることになったのです。

(3)「遺伝」という言葉が使えなくなった大阪府の反対運動

　1981年には大阪府立母子保健総合医療センター（現在の大阪府立母子医療センター）が「各県一ヶ所の小児病院設置構想」という国の母子保健政策の一環により、開所しました。私も病院附属の研究施設の企画に参加していたため、センターの開所式に参加しました。しかし、当日は地下鉄の光明池駅からセンターの玄関ま

で、数えきれないほどの車椅子とプラカードで埋まっていました。「羊水検査反対」を訴える人々の集まりでした。この日、大阪府は「母子保健政策と連携した羊水検査を府立の病院には指導しない」との声明を発表しました。研究所の染色体検査や細胞培養を行う部門は閉鎖され、個人的なことですが、私自身のセンターへの赴任予定も流れてしまいました。その後、私は非常勤でセンターの成長発達部門（遺伝部門の名前が使えなくなり変更）の仕事を手伝いましたが、カルテへの記載時に「遺伝」という言葉を絶対に使わず、「難病」に書き換えたり、「遺伝カウンセリング」を「難病相談」と言い直すなど気を使っていました。かなり長期間にわたって、センターでは定期的に「遺伝的な検査が行われていないか」障害者団体のカルテチェックが行われていたのです。「遺伝」＝「羊水検査」＝「悪」という周囲の雰囲気だったのです。この運動は全国に拡がり、行政は出生前診断だけでなく、「遺伝医療」や「遺伝カウンセリング」にも距離を置くようになりました。臨床遺伝学や遺伝カウンセリングの普及を志していた研究者たちはその後10年以上にわたる暗黒時代を迎えることになったのです。

　1974年から1990年頃のわが国の状況が理解できると思います。この状況が大きく変わったのは、ミレニアムを迎えてからです。大阪では背景にゲノム研究の発展過程で起こった一つの事件が背景にあります。

(4) 遺伝カウンセリング体制の整備に向けた新しい追い風

　1999年12月に小渕内閣は、ミレニアムプロジェクトを発表しましたが、大阪府の国立循環器病センターではこの国策に沿って遺伝子研究部門を充実させて、循環器疾患のゲノム研究を開始しました。ところが調査研究の段階で検体の入手方法や被検者のICの取り方に問題があり、住民の批判を受けたのです。他大学でも同様な事件が報道され、国は「遺伝子研究は、単にICだけではなく、遺伝カウンセリングを介して被検者の自律的決定が担保できるような体制のもとで行うように」という3省庁合同のガイドライン（2001年）を発表しました。

　この発表直後に再び、住民から国立循環器病センターに対して、「センターの遺伝カウンセリング体制に不備がある」という指摘と今後の対応に関する「公開質問状」が提出されました。このため2001年9月に同センター内に遺伝カウンセリング室を設置することが急遽決定され、マンパワーが育つまで2年間の予定で、私が応援することになりました。

　これまで大阪府では公的には「遺伝は差別の学問である」ということで、遺伝カウンセリングの理解も得られにくい状況でした。私が大阪府立看護大学に赴任した時も、「遺伝学」は禁句で、すべて「生命科学」という言葉に置き換えていました。しかし、国立循環器病センターの事件では、遺伝カウンセリングが患者や被検者の「人権を守る」ために必要不可欠のシステムであると「住民」に指摘されたのです。羊水検査をめぐるわが国の混乱から 20 年以上たって、ようやく欧米並みに遺伝カウンセリングの重要性が国民に周知されたと感無量だったことを覚えています。

　なお、現在では府立母子医療センターにも遺伝子診療科が設置され、臨床遺伝専門医を中心に数名の認定遺伝カウンセラーが働いています。「遺伝学は差別につながる学問だ」と誤解されがちだった大阪の地で、事態が大きく変わったのです。

　このような「日本」社会での出生前診断にまつわる歴史を理解しておかないと、出生前診断の倫理分析はできません。「倫理」はきわめてローカルな背景をもっているからです。では、与えられたテーマである「羊水検査を受ける」ことの倫理的な議論を始めましょう。

1）自律原則による議論

　検査を受けるかどうかは夫婦の自律的な決断によらねばなりません。夫婦の意思とは関係なしに法律など社会的権力を背景に検査が執行され、異常と確認された場合は法的に堕胎手術が行われる、これは「優生運動の時代の悪夢」です。ただ、自律的な決断のすべてが尊重されるわけではありません。社会を維持するために個人の欲望の制限は必要です。また、検査の普及の過程で「商業主義」の行き過ぎを監視する機構も必要です。夫婦の「自律的決断の背景」を探ることが重要です。一般的には「障害児の養育から免れたい」という動機でしょうが、家族によって色々な「事情」があります。その動機が社会的に同意できるかは、「正義原則」で扱いますが、「問題提起の意味」で自律原則で取り上げておいてもよいでしょう。

　個人の「欲望の制限の妥当性」について少し考えてみましょう。公衆衛生の立場からは社会を疫病の蔓延から防衛するために、個人の行動を制限する場合があります。過去には伝染病予防法、らい予防法、結核予防法など、個人の意思を法律で制限した時代もありました。現代ではこれらの法律は廃止され、個人の意思を尊重した「新感染症法」に移行しています。背景には人権重視の思想や医学の発達の影響

があります。

　グレッグ・ベアの「ダーウィンの使者」というSF小説では、現生人類を越えた新人類の出産を法律で規制するという場面がありますが、出生前診断で見つかるかもしれない「障害をもった胎児」は、社会防衛が必要な伝染病でも新人類でもありません。それでも「障害児の養育は社会の負担になる」という意見が出てきます。確かに福祉の充実には費用がかかりますが、結果的に福祉の充実は「国民全員が恩恵をこうむる」というのが福祉国家の理念です。この思想は、わが国の羊水検査反対運動の歴史で紹介したように、「出生前診断を母子保健政策に組み入れる」ことへの反対意見の根拠になっていて、福祉政策が遅れているわが国の現状からは、一つの意見であることは確かでしょう。しかし、社会運動と個人の自律的決断は別々のものです。

　ちょうど羊水検査反対運動がたけなわの頃、ある病院で羊水検査を受けるために病院を訪れた妊婦が、施設の玄関口でピケを張っていた羊水検査反対派の運動家に説得されて、検査を受けることをあきらめたという出来事が起こりました。その妊婦は結果的に染色体異常をもった子どもを出産し、一時は告訴の話も出たとのことですが、色々な事情を配慮して告訴は取り止めました。説得の方法にもよりますが、夫婦の自律的決断が阻害された事例と見なされる可能性があります。
　類似行為として、胎児がダウン症であることが判明した場合、夫婦が妊娠継続するかどうかの判断の一助として、ダウン症を育てている当事者の意見を聞かせるべきかという議論があります。自立活動を目標に当事者同士が力を合わせる活動はピアカウンセリングとして知られていますが、中立的な対応が重要なので、当事者の意見は「利益相反」と見なされる可能性があります。夫婦の自律的決断を担保することを第一に考えるべきで、色々な行為が「圧力」にならないよう十分に配慮しなければなりません。

　しかし、海外では先進国の多くが、ダウン症や一部の染色体異常のスクリーニング検査が「公費」で行われています。羊水検査が登場した初期の思想の中には、検査が社会の負担を減らすという「費用対効果」的な発想もありましたが、経済的余裕のある人だけが検査を受けられるというのは「社会的に公平ではない」ことと、「商業主義の暴走を抑え、倫理規制をかけるためには公的サービスにするべきだ」

という考えが中心になってきました。また、検査によってもし胎児の障害が予測された場合、「生むか、生まないかは、夫婦の選択に任せる」、そして「いずれの選択をしても、家族が社会的不利益を受けないよう国が責任をもつ」という考え方で、「優生思想ではないか」との批判に対応しています。わが国の「不幸なこどもを生まない政策」との違いを比較してみてください。その違いは明白に理解できると思います。

出生前診断を受けるかどうかの判断だけでなく、結果がわかってからの行動決定（妊娠の継続に関する決断）も当事者夫婦が「自律的に決定できるようなシステム」が必要です。そのシステムを社会がバックアップしなくてはなりません。社会と当事者をつなぐ役割が「遺伝カウンセリング」です。夫婦の「自律的な意思決定」を確保しながら「偏見のない適切な情報提供」、「夫婦の個人的事情を受容的に理解して夫婦の幸福をめざす」、「社会的に受け入れられやすい方向に援助」するという対話過程が遺伝カウンセリングなのです。倫理分析の過程で、「自律原則」でのチェックポイントは「適切な遺伝カウンセリングがなされたか」、特に妊婦に対して医師も含めて周囲からの強要や圧力がなかったかの確認が重要になります。このため、「遺伝カウンセリングが医療とは独立した立場で行われたか」の確認も必要になります。検査を提供する立場（産科医など）が遺伝カウンセラーを兼ねるのは倫理的には「利益相反」になります。遺伝カウンセラーは先端医療の現場できわめて重要な専門職ということで、認定遺伝カウンセラー制度を背景に、全国で 12 以上の大学で養成が進んでいますが、まだ国家資格ではなく、現場のニーズに応じる人数が育っていないなど、問題が指摘されています。出生前診断の遺伝カウンセリングについては、「検査を受けるかどうか」の決断と、「結果を告知された後の決断」の二つに分けて議論したほうがわかりやすいでしょう（**表 1、2**）。

染色体異常が見つかった場合の夫婦の決断は深刻なものになります。出生前診断の倫理性を議論する場合の中心的課題と言ってもよいでしょう。すでに解説した胎児の人格性の議論になります。自律原則をめぐって幅広い議論が展開することがあるので、これまでの経験から話題になった議論について、紹介しておきます。

かつて隣国で「羊水検査で異常と判定された胎児を出産することを禁じる法律」が制定・施行されたことがあります。たまたまその年に当地で開催された国際人類

表1　検査前遺伝カウンセリングでチェックされる基本的項目

・検査適応について、学会のガイドラインなどで認められているかどうか
・検査の信頼性（検査で診断できるのは染色体異常や一部の遺伝子変異だけで、先天異常の一部に過ぎない。検査では受精卵由来のゲノムを診断するが、発生途上で生じる異常はわからない）
・検査のリスク（流産リスク、母体に与えるリスク、偽陰性・疑陽性のリスク）
・IF（incidental findings：予期しない出来事）が検査により偶然に判明することがあること（障害の原因にならない染色体異常、親子関係、診断目標にしていなかった遺伝子変異など）
・性染色体異常や一部の常染色体異常など「条件がよければ社会的自立可能」な染色体異常について、「偏見」をもっていないか
・異常所見が見つかった場合の覚悟について（法的・社会的背景について）
　（「高齢出産」や「不安」が背景にある場合など、多くの出生前診断は「胎児を診ないで行われる」ことが多いのですが、近年、超音波診断技術の発達により、妊娠管理の目的で胎児の詳細な観察が行われるケースが増えてきました。胎児異常を理由に出生前診断（厳密には胎児検査）が計画される場合があります。この場合は検査の倫理的な議論が従来の出生前診断とは異なる場合があります）
・胎児所見によって染色体異常のリスクが高まった場合は、その医学的な背景、予後に向けての対応をきちんと理解しているか

表2　「結果を告知された後の決断」に関する遺伝カウンセリングのチェック項目

・生まれてくる子どもの自然歴（どのように育っていくか、障害の程度など）を正しく理解しているか
・社会的対応について（医学的な管理、療育、社会的援助など）理解しているか
・染色体異常の原因、遺伝学的予後に関する理解を今後の家族の幸福につなげるための基本的な知識や技術をもっているか

遺伝学会には、欧米のいくつかの国がその優生学的な政策に抗議して出席を取り止めました。情報不足もあり、日本からは学会の代表が参加したのですが、委員会の席上で、当該国側の委員から「われわれは隣国の日本から技術や制度を学んでいる。わが国は法治国家なので、日本で行われていることを法制化しただけだ」との釈明があり、出席した日本の委員がびっくりしたとの話を、その委員本人から聞いたことがあります。本書の「第4章2）、3）」で、わが国が敗戦国のドイツも含む欧米諸国とは異なった歴史をもつことを紹介しました。日本の現状が海外の目でどのように見られているかがわかる出来事です。現在の隣国ではその法律は廃止されていると聞いています。自律的決断も国策によっては必ずしも重視されるわけではありません。

　海外では大きな問題になっていますが、民間保険会社が羊水検査を前提に妊婦の健康保険契約を結んだり、網羅的な遺伝子検査（がんのパネル診断など）を生命保険加入の条件にするのは、一種の「遺伝差別」です。アメリカでは頻度の高い遺伝病である肺線維腫症の遺伝子診断が企業の採用条件の対象になり、人権侵害ということで法律で規制した歴史があります。遺伝情報は個人情報として法律で保護すべきと考える国が増加しているのですが、わが国ではまだ大きな議論になっていません。わが国では「商業主義」が先走るためか、倫理的な規制が遅れる傾向があることと、法律ではなくて水面下で対応するという文化的背景があるのかもしれません。

　出生前診断について、自律原則の議論をさせると、学生からは色々な質問を受けます。実際に体験した質問を紹介しましょう。
①胎児の「自律性」は無視してよいのか（幼い子どもや意思表示が難しい患者の意思をどう確認するか）
②宗教や法律で検査や堕胎を禁じている場合、それは自律原則に反しているのか
③検査を受けたいが経済的に不可能な場合も自律原則に触れるのか

　胎児については「いつから人間か」という昔からの議論があります。人工授精をめぐる議論のワーノック委員会決定以後、各国で受精卵の扱いや初期胚の扱いについて法的規制がなされています。この問題の背景には国によって異なる文化や背景がありますので、「正義原則」で議論します。
　宗教的な規制は国によっては大きな社会規制となります。もともと「倫理」は高度な社会構築をめざして発生したものですから、宗教的な規制がない国が、宗教国家の規制について倫理的判断を行うのは問題があるという考えがあります。「経済的背景で検査を受けられない」という問題については学生の鋭い指摘と思います。この問題は公平性原則が背景にあり、胎児医療のあり方について正義原則で論じるべきでしょう。実際のカウンセリング現場では「運動能力に個人差があるように、私たちは希望すれば何でも得られる社会で生きているのではない。自分の気持ちを変えて対応するしかない場合もある」と「価値観の自己変容」を促すというカウンセリングの方法論をとらざるを得ないことも少なくありません。

2）無加害原則による議論

　歴史的には神から与えられた身体を害する行為を禁じた宗教的な背景がありますが、検査を受ける行為が被検者の健康や人生、人間関係を害する可能性など、不利益につながってはならないという理解から議論を始めます。

　まず、検査の医学的な安全性が確立しているかどうかが問題となります。検査により胎児が流産する可能性はゼロではありません。経験豊富な熟練した技術をもつ産科医が、設備の整った施設で正当な医療行為として出生前診断が行われたかどうかはチェックされねばなりません。検査の診断学的な信頼性がどれくらいかという問題もあります。医学的な安全性や検査の信頼性だけでなく、検査を受けた（あるいは受けなかった）夫婦になんらかの社会的被害が及ばないかの確認も必要です。検査が社会的に受け入れられているかどうかは国によって大きな差があります。

　福祉にも留意しながら国家的なスクリーニング政策を断行したイギリスですら、胎児が二分脊椎とわかって「出産を決意した夫婦」に周囲から「あなたのような人がいるから、イギリスが貧乏になったのだ」との心ない批判があり、人権問題として社会的に問題になったと聞いています。わが国の出生前診断の歴史で解説しましたが、例えば「検査の普及が福祉思想の後退につながる」とか、「障害をもって生きている障害者の生存権を侵すのではないか」など、障害者の立場から見ると、この検査に本質的な問題があることは確かです。社会との接点については次の善行原則や正義原則での議論になります。

　少し専門的になりますが、遺伝カウンセリングを学んでいる学生の倫理教育では次のようなポイントを吟味させます。

a．検査の安全性

　どのような検査でもリスクがゼロということはありませんが、検査の安全性が確認されていること、技術をもった医師が適切な施設で正当な医療行為として検査が行われたかどうか、はチェックしなければなりません。医学の発展のためには普段の医療行為の中にも研究的要素が存在する場合も珍しくありません。出生前診断についてはガイドラインや倫理委員会判断を逸脱した行為はそれ自体が加害行為と見なされることがあります。

b．検査が夫婦の精神的トラウマ・出生後の親子関係に与える影響

　技術的限界により、胎児の出生後の「障害の予測が難しい場合」があります（*de*

novo 均衡型転座やマーカー染色体、低頻度のモザイク、アレイ検査やエクソーム解析で発見される「中立的」な変異など）。夫婦への対応を誤ると、検査後に夫婦に精神的な被害が発生することがあります。

その他、検査前遺伝カウンセリングの重要なテーマですが、重い障害とは言えない「社会的自立が可能な染色体異常」（例えば性染色体異常の一部）について十分に納得のうえで検査を行った場合でも、結果が判明してから家族に深刻な不安を生み出す場合もあります。インターネットやSNSなど情報過多の現代では特に起こりやすい現象です。出産に至ってからも、検査を受けたことが育児期に夫婦への精神的トラウマとして残る可能性があります。海外では「検査を受けて生まれた子ども」が思春期に「自分が検査を受けて生まれた」ことを知った場合、心理的な影響を受ける可能性があると議論されたこともあります。また、臨床心理士の玉井真理子はアメリカでの経験から神経難病のハンチントン症の遺伝子検査で、遺伝子に異常がないことが判明した被検者にサイバーズギルト（生き残った者が感じる罪悪感）がみられることがあるように、出生前診断でダウン症の子どもの出生をあきらめた母親に、強い罪悪感が続くことがあると報告しています。

その他、出生前診断により、親子関係や体質など IF（incidental findings）と呼ばれる「検査目的と直接関係のない事実」が判明する可能性も同じ範疇に入れてよいでしょう。「不用意」な検査が解決困難な事態に結びつく可能性は少なくありません。現場で遺伝カウンセリングを行っていると、あまりに多くの夫婦が「十分な心の準備」をせずに検査に臨んでいることがわかります。

c. 夫婦にとって「胎児の喪失」につながる可能性

出生前診断は結果によっては、妊娠継続の断念という選択肢があるため、無加害原則の扱いが大きな議論となります。「胎児の喪失」による夫婦側の精神・身体的ダメージだけを取り上げるのは間違いで、胎児自身の生命が断たれる事実にもきちんと向き合うべきです。無加害原則ではこの問題は指摘だけにとどめ、正義原則で他の原則と併せて包括的に議論するべきでしょう。

3）善行原則による議論

一般には「善いこと」をめざして行った行為かどうかを確認する過程ですが、「善行」かどうかの判断は客観的な判断が難しいことがあります。もし、「異常が発見された場合は妊娠継続をあきらめる」ことを目的とした行為は「それ自体が罪である」という考え方は反対運動の歴史で述べたとおりです。

もし、「正常と判断された場合は夫婦が安心して出産へと向かうことができるではないか」という反論に対しては、「悪いこと（胎児の命を殺める）」を前提に「善いこと（夫婦が障害児の養育から免れる）」をめざすのは倫理的に間違っているという2重結果原則もあります。善行かどうかは属する社会の考え方で決まるわけで、主な議論の場は正義原則になります。

　「善行」という言葉にも議論があります。西洋の福祉思想はキリスト教を背景として「恩恵、charity」から始まったのですが、わが国では1900年代に「行政の責務」として福祉思想が輸入されました。「善行」にはわが国の行政ではタブーとされる「恩恵主義」的な響き（福祉は「行政の責務」で行うのであり、「余裕があるから行う」ようなものではないというわが国独特の思想）がありますし、軍国主義の時代に兵士に与えられた「善行章」のイメージがあり、現代日本社会には馴染まないという意見もあります。

　このため、私は学生に講義する際には「善行原則」は「当事者や関係者の利益」と読み替えて分析させています。一方、前項の無加害原則は「当事者や関係者が受ける不利益」と考えて対比させます。こうすると2重結果原則や社会的判断が入りにくいので、この段階の議論では「冷静」に対応できます。出生前診断を受ける「当事者の利益」には一般的に次のような項目が考えらます。

①染色体異常がないことを確認し、胎児の適切な医学管理により、安全な妊娠・出産の援助、胎児治療、障害の発生予防をめざす

②夫婦の出産への安心感の確保

③無益な中絶の防止

④妊娠から管理・出産に至るまで、夫婦の選択権の確保

⑤夫婦が障害児の養育の労苦から免れる可能性

　検査を受けるほとんどの夫婦の本音は②や⑤で、項目の①を目的に検査を受ける人は少ないのではという意見が多いのは事実です。

　個人的なことになりますが、私が現在勤務している施設では「胎児の選別をめざす医療」ではなく、「胎児の福利をめざす胎児医療」を目標にしています。出生前診断は胎児の医学的管理の方向性を決めるための「胎児検査」であるべきだという考え方です。親にとって検査は「安全な出産をめざすための医学的検査」と考えます。しかし、これは見かけ上の姿勢の問題に過ぎず、「もし異常が見つかった場

合は同じではないか」という批判があることは事実です。ただ、初めから「もし何か異常（たとえその変異が障害に結びつかなくても）が見つかったら絶対に生まない」という夫婦には検査をお勧めできないとカウンセリングで対応しています。

何度も指摘していますが、出生前診断については「もし異常が見つかったら妊娠継続をあきらめるかもしれない」という過程があることは事実です。倫理分析の議論ではこのような「胎児の選別を行う検査」が本当に「善行」なのかという「終わりのない」意見の応酬に向かいがちです。「無加害原則」と「善行原則」における分析は当事者の目から見た「利益・不利益」のリストアップに留め、その場で独善的な「善悪」を判断してはいけません。それぞれの項目が「社会的な共感を得るかどうか」という観点から「正義原則」で包括的に議論することがビーチャムの倫理分析の良いところなのです。特に最後の「夫婦が障害児の養育から免れる可能性」については「それは親の勝手で、善行ではない」と断じてしまうと倫理分析ではなく、個人的な道徳論の応酬になってしまいます。

4）正義原則による議論

まず、自律原則で確認した「親が自律的に検査を決断した」ことについて、その行為が社会的に許されるかという議論です。自律的な意思決定は尊重されるべきですが、どのような希望でも社会が容認するわけではありません。

まず、法的な背景を調べてみましょう。日本の裁判所の判決例が参考になります。近年では「函館判決（2014 年）」があります。医師が羊水検査の結果報告で「異常を正常と間違って報告」したという事例です。医師側は医療ミスを認め、精神的慰謝料については納得しましたが、染色体異常を理由に中絶はできないなど、法整備が整っていないわが国の現状で、夫婦が妊娠中絶の機会を失ったことを理由に損害賠償を課すのはおかしいと反論したのです。しかし、裁判長は医師側の反論を棄却しました。生まれたダウン症の子どもを「損害」と考えるかどうかではなく、夫婦が「選択の機会を失った」ことが損害にあたると判断したのです。

過去には再発の可能性をきちんと伝えなかったために羊水検査を行う機会を逸し、その結果、遺伝性疾患の子が生まれたという事件が起こりました。夫婦は主治医を訴えたのですが、裁判長は「障害児の出生を損害と認めることは裁判所としてはできない」と損害賠償を棄却した例（前橋地裁判決、2003 年）がありました。そこで夫婦は高等裁判所に控訴したのですが、今度は上級裁判所は夫婦の訴えを認

めました。

　「自律的選択の機会を失う」ことは大きな人権侵害であるという思想はヨーロッパを中心に強いのですが、近年わが国でも同じような判断が下されるようになっています。これらのわが国の判決からは、裁判所が「夫婦が羊水検査を受ける権利」について間接的に認めていると解釈できます。

　しかし、もし検査結果で異常が見つかった場合、妊娠継続を断念する可能性があるというのが、この検査の倫理的問題につながります。わが国の法律では「胎児の条件を理由に人工妊娠中絶を認める法律」はありません。母体保護法を適用する場合、法律の適用条件（妊娠週数など）を守ることはもちろんですが、「胎児の条件」という本当の理由を隠して「精神的、経済的」理由から法律を利用して中絶をすると、法的・倫理的な問題が発生します。ただ、わが国では年間 10 万人を超える妊娠が母体保護法第 14 条の適用により中絶されていることは事実なのです。

　「胎児の条件とは無関係」の中絶が「自由に」行われていて、「胎児の障害という条件」を理由にした中絶が許されないのは公平性の原則に反するのではないかという反論もあるでしょう。逆に、胎児の「選択的な中絶」が「すでに生存している障害者」の福利に反し、社会正義の観点から認めることができないという意見もあります。

　個人的利益を優先するか、全体の利益を優先するかの議論になります。中間的立場として、「全体の利益を守るために個人を対象に検査を強制する」ことは優生論的な思想ですが、欧米のようにすでに「全体の利益を守るための十分な施策がなされている」場合は「個々の事情に合わせて」検査を選択できるような方法を考慮してもよいのではないか、といった選好功利主義的な意見も出てきます。ただ、その場合でも必要な規制は付加条件になります。

　現状の日本では、羊水検査については日本人類遺伝学会がガイドラインを発表していて、年齢条件や転座保因者か否か（一般頻度より高い確率が背景にあるか）、すでに障害児をもっている家族か（家族の社会的条件）、などを配慮した適応条件が決められています。

　では、わが国では胎児の生命を法律的にはどう考えているか、やはり裁判例から

見てみましょう。

今から 10 年以上昔にある殺人事件が関西で起こりました。女性の後をつけて来た犯人が、アパートの戸口で女性を背後からナイフで刺したのです。その女性は亡くなりましたが、妊娠中だったため胎児も亡くなりました。その時、判決がどう下るかが関係者に注目されました。人間一人の命を奪ったとして判決が下されるのか、胎児の命を奪った罪が加算されるのかということです。結果は加算されなかった。その時、裁判長は新聞にコメントを出していました。その当時、日本では年間 30 万人の人工妊娠中絶の実態がありました。これを「放置している現状で胎児の命を奪った罪を加算するのは、裁判所として公平性が維持できない」と見解を述べたのです。刑法には「堕胎罪」がありますが、この時も適用はされませんでした。「胎児が母体の付属物」という考えもありますが、わが国では胎児の生存権は法的には保証されていないことになります。

このような背景から、「夫婦が羊水検査を受けると自律的に決断した行為」が、社会的に容認できるかという議論をしなくてはなりません。事例ごとに条件が異なりますので、ステレオタイプの決断はビーチャム的ではありません。

次に、無加害原則や善行原則に関する議論を「見直す」作業に移りましょう。

「もし生まれた子どもが障害児だった場合、予測される親の苦労から免れるために羊水検査を受けたい」という家族にとっては「被害から逃れる行為」が善行にあたるかどうかという議論です。

親の行為を認めない立場の意見として、「妊娠中に診断できない障害もたくさんあるし、生まれてからも色々な事故や病気で障害者になることもある。障害に対応するのはわれわれ社会人全体の義務ではないか。わが国の社会がまだ完全な福祉社会になっていない背景の中でも、障害児を一生懸命に育てている親が多数いることは事実だし、理想社会をめざす立場からも親の主張は利己的で自分勝手な理屈と言わざるをえない」はわが国の代表的な批判的意見です。

わが国では羊水検査を受けるには多額の費用がかかりますので、「経済的余裕がある人」だけが「恩恵？」をこうむるような医療は非倫理的という公平性原則からの意見もあります。

これに対して、「誰でも自分の子どもは可愛い、その子どもを諦めることにより夫婦の生活だけでなく、社会に迷惑をかけたくないというのは自己犠牲の一つであり、社会道徳に寄与するのではないか」と、検査を受ける親の行為を積極的に容認する意見もあります。例え話として、第2次世界大戦の沖縄戦で洞窟に隠れている多くの仲間を救うために自分の赤ちゃんの口を塞いで殺した母親の話が「気高い自己犠牲」として引用されることがあります。しかし社会契約論的な思想では、「親子や家族の絆は社会構造の基本になるべきものである。仮に自己犠牲が『本音』であったとしても、自己犠牲を強いるような社会は完成された社会とは言えない」と批判的に応じます。もちろん戦場での話は「戦争自体が非倫理的環境なので、例え話にはならない」と否定されるかもしれません。一方で社会正義を優先するよう親に押しつけるのは酷と言わざるをえないので、契約論的にまず「家族の幸福をめざすべき」だという立場をとる場合もあります。すると「検査」は胎児の命と引き換えに家族の幸福をめざすことになり、母親と胎児の関係（母親は胎児の庇護者）はどうなるのだという議論になります。

　このように、この議論は色々に展開しながら、究極的には「胎児には人間性があるのか」という議論に続くことになります。日本人は「公の場」では個人の利益よりも「社会の利益を優先する思想」を優先することが多いのですが、一方ではそれも「たてまえ論」という意見もあります。わが国の「羊水検査反対運動」の歴史からは「胎児の命の議論」よりも「障害の否定」が「障害者の生存権の否定」につながるという意見が強くみられ、ヨーロッパにおける反対論とは違ったものを感じました。宗教的背景の違いと、福祉の達成度の違いが強く影響されていると考えられます。

　ここで、学生（助産課程）の演習指導をした時、あるグループが主張した実際の意見を紹介しましょう。

　「羊水検査反対運動の話を初めて聞いて、びっくりしました。でも人間って、自分が辛い目に遭遇した時は誰でも『不当だ』と感じるのではないでしょうか。その怒りが行政だけでなく、検査を受けたいという人々や検査を行う医師に対する反対運動につながることはないのでしょうか」。

　確かに生まれた子どもがダウン症とわかった時、家族が事実を受け入れる（受容）には長い時間がかかります。初期の段階では「ショック」や「いわれのない怒

り」が続くこともあります。普通は長くても 6 ヵ月以内に反応期といわれる受容行動が起こり、小学校入学くらいから安定期に向かうのが普通です（もちろん、色々なきっかけで容易に危機状態が発生することもありますし、特に老齢期のウツ状態を背景とした危機は深刻です）。遺伝カウンセラーや心理職はこのような心理学的な評価を行いながら家族と対応しますが、私が遭遇した多くの家族の方は羊水検査については冷静に対応されています。ただ、わが国の福祉の完成度が十分ではないことが、当事者の方々を検査の普及に対して批判的な行動に向かわせる可能性は否定できません（反対運動には人権運動的な側面もあり、当事者の方々の意見だけが反映されているわけではありません）。欧米と日本の文化を比較した場合、宗教と福祉思想の違いが指摘できます。もともとヨーロッパの福祉はキリスト教的な「慈善」から出発しました。余裕がある者が貧しい者に施しをするという思想です。私が留学していたキール大学の小児科主任教授は世界的に著名なヴィーデマン教授でした。彼の年俸は 1 億円を超えているとのうわさでしたが、その半分は教会や福祉事業に寄付しなければならないというのがドイツ社会でした。わが国では西洋型の福祉は行政の責務として「輸入」されたため、「施し」は「恩恵主義」として容易に受け入れない傾向があります。欧米では「競争は社会を発展させる、そのことにより福祉を充実させればよい、行き過ぎた平等主義は社会の発展を損ない、かえって福祉を後退させる」と、選好功利主義的な思想もよく聞かれます。その点、わが国は「たてまえ」と「本音」を使い分けるという形で対応してきました。出生前診断については、欧米では「胎児の命」をめぐる議論が中心ですが、わが国では「障害者の生存権」をめぐる議論が深刻な背景になっています。ただ、学生の指摘は人間の心理や倫理学のかなり本質をついていると評価できます。

　では「胎児の人間としての人格」に関する議論をもう少し続けましょう。欧米では善行原則の中心的な議論は、「中絶は殺人」にあたる行為ではないかという「胎児の人格」を中心とした論争でした。西洋哲学の大きな歴史的な命題は「人間の人格」の理解です。キリスト教の宗教的倫理観では、胎児は宿った瞬間から人間として神から祝福されているという考えが主流でしたが、西洋哲学はその発祥以来、「人間性の根源」を神の教えとは離れた立場から研究してきました。アリストテレスの階層的世界観からカントの人格を基にした義務論まで、西洋哲学の基本は人間の人格の研究ということができます。
　生命倫理学の黎明期には、フレッチャーが宗教的教義から離れて妊婦の「命の質」

を評価することにより、「妊婦の命」と「胎児の命」を天秤にかけ、妊婦の命を優先する考え方もあると主張しました。このことが生命倫理学の発展を促したことはすでに解説したとおりです。

現代でもマイケル・トゥリーは「新生児（人格論では新生児も胎児の延長と考えられます）は人格をもつか」の議論の中で、「すべての有機体（人間だけでなく動物も）は、諸経験とその持続的主体としての自己の概念（生きている実感）をもち、自分自身がそのような持続的存在（生きたいと願っている）を信じているときに限り、生存する重大な権利をもつ」と述べました。この思想は動物愛護思想にも延長でき、シンガーらの動物実験の倫理にもつながりますが、少なくとも胎児が本当に「自己意識をもち、その持続的存在を信じている（生きたいと願っている）」のか、科学的確認は難しいと思います。エンゲルハートはもっと明快に、「道徳的主体である人格」と「道徳的主体がもつ諸権利が与えられる人格（社会的人格）」の双方が「人格」の主体であると提言しています。生命論の立場からもこの考えは理解しやすいものです。「生物学的な命」と「社会的な命」の両方が一個の人間としての「人格」を作っているとの思想です。胎児は少なくとも「社会的な関わり」が少ないことは納得できます。ただ家族、特に妊婦は心理的な感情移入を胎児に対して行うではないかとの主張もあります。胎児の喪失が夫婦の「喪失感」につながることは臨床的に確認できることも事実なのです。

エンゲルハートの提言は、現代医療では尊厳死（社会的な命の尊重）をめざすという終末期医療につながっています。場合によっては「生物学的な命」をあきらめるという選択に結びつくのです。エンゲルハートの考えは、わが国では功利主義的な傾向が強いのではないかとの批判がありますが、一つの代表的な思想と考えられます。

最近は、生殖医療の倫理性を議論する過程で、「人為的な操作をしなければ」胎児は自然に「人格を宿した人間になる」という新しい意見も生まれています。生殖医療の発達に応じて、イギリスのワーノック委員会（1982年）では「受精後2週間以上経過した胚の人為的な操作は倫理的な問題に触れる」と結論しました。逆に2週間までならヒトの胚操作はかまわないということになります。わが国はこの考えのもとに「ヒトに関するクローン技術等の規制に関する法律（2001年）」を施行しました。しかし、現代では多くの国で、受精卵はもちろん、卵細胞の段階から人為的な操作は倫理的な問題があることを認める指針が作られていて、宗教的背景

も加わり、ヨーロッパでは日本で普通に行われている着床前診断ができない国がたくさんあります。逆に羊水検査は公的に行われているのですが、この考えに基づくと羊水検査は「将来、人格をもった人間」になる胎児を「障害を理由」に選別する行為であり、非倫理的であるということになります。

　日本では脳死論争の歴史的体験があります。脳死論争は従来の心臓死を人間の死と判断した法律を改め、脳死も人間の死と認め、臓器移植など社会貢献に利するべきだという「功利主義的」な思想が背景にあったことは確かです。脳死は人間の「感覚や自律性」を失う過程なので、「生物学的な人格が消失」する科学的根拠とされました。しかし前述したとおり、人格には社会との関係性で築かれた要素もあります。「脳死」はその関係性には影響しないのではないか、たとえ肉体が失われてもその人の人格は周囲の関係者の意識に残っているという考え方も可能です。社会的動物という、人間ならではの思想です。終末期医療で尊厳死が認められる根拠として、患者の「良い人格」を周囲の関係者に残すためという考え方にもつながっています。社会的人格の尊厳はきわめて大切だが、法律的に脳死を死と判定しても、人格の尊厳を害する可能性は少ないとの考えから法律が決定しました。

　わが国では、歴史的に胎児（場合によっては新生児も）自身の感覚レベルは原始的なもので、高度の自律性（生存能力や自律的な行動）はないとの思想が主流で、妊娠中絶を正当化したり、重篤な障害をもった新生児の手術を控える行為につながってきました。しかし、最近では「社会的な人格」も重視して、両親が希望すれば、たとえ重篤な障害をもった胎児や新生児でも、積極的な救命を行うべきという意見が強くなってきたことも事実です。

　最後に、出生前診断を生命論の立場から解釈する一つの見解を紹介しましょう。クライアントの性格や心理状態によっては、私も実際のカウンセリングで利用することがあります。ただ、生命論の話はきわめて目的論的・功利主義的な考え方と見なされる可能性がありますので、遺伝カウンセリングの基本を逸脱しないよう十分な注意が必要です。

　染色体異常や遺伝子変異に代表されるゲノム変異は「変動する地球環境」の中で、生命が「生き残る」ための基本的な機能と考えます。ゲノム変異は卵と精子でその変異の種類（染色体異常から遺伝子レベルの変異）に差がありますが、いずれも配

偶子形成過程で生じます。多くは「中立的」な変異ですが、中立的な変異が生じる過程で少数の「中立的とは言えない変異」も生まれます。染色体異常は大きなゲノム変異で多くは「不利益な変異」ですが、配偶子の 15 ～ 20% はこの大きな変異をもっています。結果として母体年齢が若くても 30% 前後の受精卵に染色体異常が見つかります。これらの多くは適応に不利な変異で、その個体の多くは着床や出生に至るまでに淘汰されますが、一部は出生に至ります。しかし、それほど不利でない変異や中立的な変異は淘汰されません。これらが生物の多様性の背景になっています。この多様性があるから生命は地球環境の変化に対応できるのです。例えば鎌状赤血球症という貧血の原因になる遺伝病があります。病名がついているとおり「不利な変異」ですが、アフリカなどマラリアが蔓延する地域では「マラリアに罹らない」有利な体質として人類の生存に寄与してきました。別の例ですが、人類はビタミンＣの合成ができません。動物としてはきわめて不利な変異ですが、人類は食生活により対応できたので「不利」とは感じません。ゲノム変異の多くは環境や個体の行動様式との兼ね合いで生存するためのバランスを保っているのです。また、現時点では障害の原因になる「不利」な変異でも今後、もし地球環境が多くの個体の生存に不利な方向に変化した時、これらの「新しい変異の中に環境に適応する個体が選択」され、新人類の基本ゲノムとして生き残る可能性があります。「だとしても、ダウン症が人類の主集団になるなど、考えられない」と言う方もおられるでしょう。しかし、それは「現代の人間社会の基準」からの見方です。地球型生命の基準ではありません。

　選別だけを目的とした出生前診断は、自然の淘汰ではなく、人工的な淘汰です。ですから出生前診断を「自然淘汰に手を貸しているだけだ」と肯定する意見から、「人間の基準で淘汰に介入することの生命論的な危険性」や「人間社会に与える倫理的問題点」を指摘するなど様々に意見が分れるでしょう。ただ、西洋医学は人間の「命を守るために自然淘汰に逆らってきた」という歴史があります。生体にメスを入れるとか、臓器移植やゲノム編集など、現代医学は特にその傾向があります。医学は「個人の福利」をめざして「自然淘汰」に逆らってきたわけですが、目の前の患者の福利をめざすことが、家族、社会、人類集団、地球生命の福利と対立しないかという点で、倫理的な課題が生まれてくるのです。生命倫理学は生まれてまだ日が浅い学問ですが、医療技術の進歩に対応して今後も色々な考え方が生まれてくるでしょう。出生前診断をめぐる議論についても医療従事者は目の前の患者や家族と対面しながら、色々な意見に耳を傾けるべきだと思います。

5）統合作業

　最後に「統合」して意見をまとめますが、重要なことは、「議論によってとりあえずの結論を出す」という過程です。グループにより「結論」が微妙に異なることはよくあることです。それぞれの段階で解説したように、「色々な見方」をあらかじめ講義しておきますと、学生は活発な議論をします。その結果もまちまちで、これが「模範」というような結論を選ぶことはできません。したがって、この演習事例について学生の「統合例」はあえて掲載しませんでした。この問題の議論が「難しい」ことは確かなのです。

　本項の「事例演習」では個人的な意見はできるだけ控えてきました。ルールには反しますが、最後に「個人的な意見」を追加させていただきます。あくまで個人的な意見です。

　結論から申し上げると、「胎児の人格（生物学的な人間性＋社会的な人格）」の議論から出生前診断の倫理性を議論することには限界があると思います。我田引水と批判されるかもしれませんが、生命論的な考えでは胎児もわれわれ成人も「同じゲノム」をもっています。その意味では、受精した瞬間から「人間性」が生まれるという考えのほうが、私たち自然科学の立場からは理解しやすいような気がします。また、「社会的な人格」の議論は終末期医療とは異なり、胎児は社会との接点が少ないので、将来の予測を基にした人為的操作の是非や、障害に視点を集中すると人格論争の隘路に迷い込む可能性がきわめて高いと思います。

　胎児の人格論争からは離れて、受精の段階から一個の人間と考え、「医療的な立場」から対応を考えるべきではないかと思うのです。ただ、公民権思想に源がある「女性の権利としての妊娠中絶の権利」については「世界の動向」に合わせてもよいかもしれません。少なくとも妊娠の一定時期（例えば 10 週）までは胎児の人間性より、母体の付属物としての要素を優先するという現実的な方法もあると思います。

　一定時期を過ぎると胎児の人間性を考慮し「胎児検査」として各種の検査を行う、それは胎児の「出産に向けての well being（福利）をめざす医療」と考えるべきではないか、もし重篤な障害が見つかった場合、基本的には新生児や成人の治療基準と同じ考えで対応を決めるべきではないでしょうか。その時代の「胎児治療の水準」や「医学・社会思想」により治療基準を決める、止むを得ない場合は「医療適応」という考え方で生むことをあきらめる対応を決めるという考え方です。

当然、新しい「胎児医療法」などの立法措置が必要です。法律の中で「医療適応」による妊娠中絶の範囲を決めるという考え方です。これは優生論的背景がある現在の母体保護法に「胎児条項」を追加するという考え方とは異なります。正規の医療ですから、日本では健康保健適応も考えるべきです。胎児の生命をめぐる行き過ぎた「商業主義」を規制するためには「公的スクリーニング」という考え方もあるでしょう。この場合、障害をもった方々の生存権を侵さないよう、国が「福祉を保証する」という姿勢が重要です。自律的決断を保証するために遺伝カウンセラーの養成や国家資格化にも拍車をかけねばなりません。

このような決定には国民の同意が必要です。何年か時間をかけて国家的な「臨時調査会」で議論して結論を出すべきと考えています。そのためにも、胎児診断技術、胎児治療技術の研究を進めねばなりません。もし、実現できればこの政策は急速に発展しつつある、あらゆる分野のゲノム医療の社会対応にも役立つはずです。

事例演習 4　着床前診断による「生み分け」

長男（6歳）がある遺伝性の血液疾患で貧血症状が始まっている。主治医からこのままでは10歳まで命がもつかどうかわからないと言われている。唯一の治療法は骨髄移植で、ドナーを探しているが、まだ見つかっていない。母親は着床前診断により、ドナーとなりえる胎児を妊娠し、将来、長男の命を助けるドナーになって欲しいと考えている。倫理的な考察をしなさい。

　これも私が、「学術の動向」という雑誌に「国境を越える生殖医療－われわれはいかに対応すべきか」というタイトルで発表（2005年5月）した論文で引用した事例です。

　少し解説が必要です。この病気は「ファンコニー貧血」といって、遺伝病なのですが、当時は特殊な染色体検査により乳幼児期に診断されていました。5、6歳から骨髄機能の低下が始まり、重症貧血へと進行していきます。この当時は良い免疫抑制剤もなく、HLA 型が一致するドナーからの骨髄移植しか患児の命を助ける治療法はありませんでした。厳密には HLA の型は複数あるのですが、例えば、もし父親が AB、母親が CD という遺伝子型の場合、息子は AC、AD、BC、BD のどれかで、親子では型が一致することは難しいのです。メンデルの法則です。夫婦の型が完全に一致していないかぎり親はドナーになれないのですが、兄弟では一定の確率で理想的なドナーが見つかる可能性があります。着床前診断では1回の採卵で10個以上の卵が得られますので、確率的にはいくつかのドナー候補の受精卵が見つかる可能性があります。

　実はこの相談を受けたほんの数ヵ月前にイギリスで世界初の着床前診断が成功したという報告がありました。この最初の着床前診断も移植ドナーの生み分けが目的に行われたのです。たまたま、相談に訪れた母親は患者会の講師からイギリスの成功例を聞いて、私のもとに相談にみえたのです。

　この事例に遭遇してから20年近く経過していますが、現在の日本では着床前診断は不育症の方の妊娠をめざしたり、重症の遺伝性疾患の出産を回避することを目

的に産科医療の現場で行われています。例えば習慣性流産が多い夫婦のどちらか
に、染色体均衡型転座が見つかることがあります。羊水検査で問題となる人工妊娠
中絶のジレンマを逃れる意味もありますが、このような場合は着床前診断の適応と
考えられ、学会でも重症疾患に限りその目的を認めています。事例のような移植ド
ナーを目的とした着床前診断については、移植ドナーを探す骨髄移植ネットワーク
が整備されてきたこと、免疫抑制剤の進歩により移植後の医学管理が良くなったこ
と、また倫理的な問題があるということで、少なくともわが国の倫理委員会でゴー
サインが出たとは聞いていません。法的には、わが国では「ヒトに関するクロー
ン技術等の規制に関する法律（2001年）」で合法的に行われていますが、ヨーロッ
パでは着床前診断は「胚の操作」にあたるということで禁止されている国も多いの
が現状です。

1）自律原則による議論

　母親は自分の判断で検査を希望したのですが、検査の内容や限界、将来息子の健
康について起こる可能性を正確に判断したうえでの決断かどうか、吟味しなくては
なりません。単なるインフォームドコンセントだけでなく、遺伝カウンセリングを
受けることが理想的です。検査を受けて生まれた子どもをドナーとして利用する場
合、親の意志だけで決められるかという重大な議論が起こります。ドナーとして生
まれた子どもの自律原則に関わる問題なのですが、これは正義原則で議論するの
が普通です。

2）無加害原則による議論

　着床前診断は卵の採取など母親に医学的侵襲を与える可能性がゼロではありませ
ん。技術が向上して現在ではそれほど心配しなくてもよいと思われますが、許容範
囲かどうかは正義原則で議論します。自律原則の議論で触れておきましたが、ド
ナーとして生まれた子どもに人権侵害が発生する可能性については正義原則で議論
します。

　ただ、無加害原則に関わる問題として最近、話題になっている問題があります。
検査はドナー候補を探すことが目的ですが、採卵した受精卵の中には染色体異常を
もった受精卵が含まれるのが普通です。若い母親でも30％くらい、高齢妊娠では
半分以上の受精卵には染色体異常が見つかります。多くは自然流産するから確認の
必要はないと言い切れるかどうかという問題です。「良心的？」な施設では、ドナー

かどうかの判定だけでなく、染色体の異数性異常はスクリーニングしておくでしょう。このようなスクリーニングの倫理性も議論の対象になります。染色体の均衡型異常が見つかった夫婦にとって着床前診断は適応と学会でも判断していますが、「障害を選別する行為」は同じなので、妊娠中の出生前診断より倫理的な問題が少ないとは言えないという指摘も出てきています。

3）善行原則による議論

　母親が長男の命を救いたいという動機は、善行として社会的な共感を得るでしょう。その目的で次子を妊娠し、ドナーとして利用する行為が善行かどうかは議論になります。骨髄移植のドナーが見つかる可能性の予測も影響しますが、母親の健康被害、ドナーとして生まれてくる子の幸福、社会的影響などを骨髄移植が成功した場合の利益と比較して許容できるかどうかの判断をします。多くは正義原則の議論になります。

4）正義原則による議論

　一番大きな倫理的議論は「ドナー候補になる胎児」を選別することが倫理的に許容されるかという議論です。人格論的には、「人間は生まれながら自分の意思ですべてを決めることができる自由性」をもっていて、これが人権の出発点となっています。もちろん社会生活を行う過程で「倫理的ルール」は守らねばなりません。自分が骨髄移植のドナーとして必要とされた場合、他人あるいは社会の幸福をめざすために骨髄を提供する行為は、一般的には倫理的行動と見なされます。骨髄の提供はドナー本人にもある程度のリスクを伴いますので、その決断は本人の自律的な決断でなくてはなりません。もし母親がドナー候補として第2子を生んだとしても、人権を重視する現代社会では、子どもは親とは別の人格をもっている、したがって第2子は母親の気持ちに従う義務はないというのが一般的な見解です。一例として、重要な人物を助けるために国家的圧力でドナーを探し、強制することは非倫理的と判断されます。もちろん、第2子が成長して、自分の意思で兄のために移植ドナーになるという決断をするなら問題はありません。しかし、第2子が自分で判断できるまで成長を待つ時間的余裕があるかどうかも問題になります。新生児の場合、本人の意思を確認する方法がありません。わが国では胎児や新生児は母体の一部と考え、親の意思で決めてもよいのではという思想も一部にはあります。さらに恐ろしいことですが、流産胎児をドナーとして利用することも考えられます（かつて

ES 細胞の利用が考えられたこともありました。ES 細胞の利用はローマ法王は認めていません。わが国で行われたある国際学会で無脳症胎児に関する研究発表が行われた際、フロアから胎児の ES 細胞の利用について質問があり、発表者が質問の意味が理解できず「立ち往生」したことがあります）。無加害原則のところで、ドナーとして適当かどうかを検査するだけでなく、染色体異常もないか確認する場合には別の倫理問題が生じると書きましたが、もし染色体異常でも流産胎児をドナーとして利用すればよいとなると、これは深刻な問題が生まれます。

医学小説で有名なロビン・クック（1940 〜）の作品で「コーマ（昏睡）」という小説があります。映画化もされていますので、ご覧になった方もいらっしゃると思いますが、人為的に脳死状態に導かれた患者を隔離した場所で「生存」させ、国際的な地下臓器移植ネットワークで臓器売買を行う病院の物語です。その他にも、自分のクローン個体を作っておき、自分専用の臓器バンクとして利用する未来予測など、この手の話はいくらでもあります。着床前診断によるドナー個体の生み分けは、このような SF の世界の倫理問題にきわめて近い距離にあると考えられます。iPS 細胞を利用した移植治療は、この倫理問題をクリアできるため、将来の発展性が期待されているのです。

事例の倫理分析は人間の人格や人権思想に対して功利主義的な思想（社会の最大幸福をめざす）をどこまで許容するべきかの議論になります。今回の場合は、ドナー候補として生まれてくる子どもの人権をどこまで守れるかの議論と、そのような医療技術を社会が認めるべきか、もし認めるとしたらどのような条件をつければ健全な社会が維持できるか（選好功利主義）の議論になるでしょう。文化的背景や宗教的背景で異なるので、国によって対応は異なるでしょうが、わが国では「子どもの権利」を侵すという批判は免れないでしょう。

付：その後の経過

この事例のその後の経過についてお話しておきます。訪ねてきた母親に 2 時間あまりの遺伝カウンセリングを行いましたが、当時はまだ着床前診断は研究段階で臨床応用できる状態ではありませんでした。羊水検査で、疾患をもった子どもが生まれないという 3/4 の確率にかけて、第 2 子をもうけ、結果的にドナーとして適当であれば家族で話しあうという方法についてお話しました。ただ、当時の技術で

は遺伝子診断は不可能で、1/4 の確率で生まれてくる罹患胎児の診断を細胞遺伝学の技術（薬剤による特殊な染色体異常の発生で診断）を利用して行う必要があり、100％確実に診断できるとは言えませんでした。もちろん、ファンコニー貧血の罹患者を診断する目的の羊水検査については、当時の学会の羊水検査適応規準に外れるという問題もありました。HLA のタイピングの診断は、当時すでにアメリカで羊水穿刺で得られた細胞から診断に成功したという報告がありました。論文では「幸運にも 1 回目の羊水検査で罹患していないドナー候補を診断できた」と報告していましたが、「もしドナーでなければその妊娠をどうするつもりだったのか」とか、「染色体異常を合併していた場合でもドナーとして利用するつもりだったのか」など、批判が相次ぎました。

　事例では「ドナー候補を選別する出生前診断」が日本社会で容認される可能性は低いと予測されたので、上記のようなカウンセリングになったのです。また、骨髄バンクの事業は当時は始まったばかりでしたが、将来的に発展していくだろうと母親を勇気づけました。

　結果的に母親は第2子をもうけることをあきらめ、第1子の治療に専念しました。しかし、どうしても適当なドナーは見つからず、私が最初にカウンセリングしてから数年後に、その子の短い生涯は終わったのです。

事例演習 5
重症新生児の在宅医療をめぐって

事例は生後 2 週間目の 13 トリソミーの男児。NICU で管理を行っていたが、両親が在宅でケアしたいと希望を述べた。母親は助産師だが、自宅は遠隔地で当地には NICU をもった病院はない。両親の希望を受け入れるべきか、倫理分析をしなさい。

この事例も私が関わった自験例が基になっています。物語の経過について少し説明しておきましょう。

主人公の母親は遠隔地の病院に勤める看護師です。長らく子どもができなかったのですが、初めての妊娠で胎児の異常を指摘されて、他府県の総合病院に紹介されました。胎児の左心低形成を診断され、さらに循環器の専門病院に紹介入院となりました。この時には妊娠 30 週を大分過ぎていました。胎児には循環器以外の広範な臓器発生障害が認められたため、羊水検査を受けて 13 トリソミーが診断されました。遺伝カウンセラー（臨床遺伝専門医）が夫婦に診断の告知と、告知後カウンセリングを行いました。夫婦は産科主治医や循環器専門スタッフと相談の結果、「普通の出産をめざすこと、心臓については積極的な手術は行わない」ことを選択しました。その後、周産期部から遺伝カウンセリング室に「出産・育児に向けてのカウンセリング」の依頼がなされました。

出産に向けての遺伝カウンセラーの対応

倫理分析ではありませんが、夫婦の今後の決断の背景を知るために有効ですので、この段階でのカウンセリングについて少し詳しく記載しておきます。

初回面接では「クライエントがカウンセリングに耐えられるかどうか」の確認が重要です。危険を感じた場合は精神科医など専門職にリファーしなくてはなりません。お腹の 13 トリソミーの胎児について、母親は「死産の可能性もあるし、生まれても長くは生きられない」という認識をしていることが判明しました。医療従事者としての一般的知識なのか、「積極的手術をしない」という承諾をとった主治医

がそのような説明をしたのか背景はわかりませんが、この認識は少し危険です。13トリソミーの生命予後が悪いことは事実で、生後すぐに死の転帰をとる場合が多いのですが、重篤な神経症状を伴わなかったり、心疾患の程度によっては長期生存例も稀にはあります。「どれだけ生きられるかは赤ちゃんの生命力による」と認識を変えておいたほうがよいと思われます。

　決して珍しいことではありませんが、このような場合、「出産を待たずにターミネーションを行うことはできないか」と相談されることがあります。もちろん法的には対応できません。このような場合、「主治医と相談して欲しい」と遺伝カウンセラーは口を出さないことが大原則です。

　この妊婦は「結婚して長く子どもができなかったので、今、お腹の中に赤ちゃんがいることがとても幸福に感じられます。できればこの状態がずっと続いて欲しい」と語りました。一般的には、13トリソミーなど予後がきわめて悪い先天異常では救命的な外科処置を控えるのが原則と言われがちですが、「疾患名により医学的対応を決める」ことには倫理的な問題があります。

　この事例でも、「手術をしない」ことを承諾した件で妊婦が強い罪悪感に悩まされていると遺伝カウンセラーは感じました。「承諾のいかんにかかわらず、産科医は児の安全な出産について全力を尽くしますから心配はいりません。手術をするかどうかは赤ちゃんが生まれてからもう一度考えればよいこと」と励ましました。2日おいて2回目のカウンセリングを行いましたが、妊婦は夫と相談して「子どもの名前」を決めたことを報告しました（性別も知っていました）。また、13トリソミーの育児についてかなり専門的な質問をしたのです。事例は妊婦が看護師という背景がありましたが、一般の妊婦でも、胎児の障害が判明している妊婦が、出産の覚悟を決めて「とりあえずは生まれるまで」真剣に頑張る例は決して珍しくありません。クライエントが看護師であれ医師であれ、「母親は母親」というのが私の経験からの意見です。共感的態度は重要ですが、カウンセラーの過度の同情はかえって有害なこともあります。

　出産に向けてのカウンセリング計画としては、
①「普通に生みたい」気持ちのサポート
②「積極的な手術をしない」と決めた罪悪感についての心理介入
をめざしました。妻は「お腹の赤ちゃんが動くのがいとおしい。このまま、ずっと生まれないでお腹の中にいて欲しい」と語りましたが、その時の妻の心理状態をよ

く表していると思います。胎児は無事出産しましたが、呼吸停止発作が頻発するので NICU で管理しました。口蓋裂がありましたが、13 トリソミーとしては全身状態は比較的良好で可愛い赤ちゃんでした。

出生後のカウンセリング

　出生後は NICU の看護スタッフと協同して、
①育児指導、母子愛着形成の促進
②退院に向けての準備（地域医療機関との連携など）
③次回妊娠について
の計画をたて、援助しました。
　この事例については母親が新生児のケアに慣れた看護師だったのと、生まれる前から名前を準備したり、育児についての不安は予測されませんでした。夫も育児休暇をとり、病院近くのウイークリーマンションを借りて育児指導に参加しました。ただ自宅が遠隔地で、現地には重症新生児を受け入れてくれる病院がないため、自宅から車で 2 時間かかる総合病院と連携をとり、1 ヵ月後を目処に転院準備を開始しました。染色体異常の種類から次回妊娠時の再発の可能性が否定できなかったため、今後の問題についてもカウンセリングが行われました。

在宅ケアの希望

　生後 30 日が経過した時、すでに退院していた母親が「もし可能なら在宅でこの子を育てられないだろうか」と言い出しました。新生児の状況については、呼吸や心臓のほうは安定していましたが、1 時間に 1 度の吸引は必須で、母親一人での在宅ケアはきわめて困難が予測されました。母親の言い分は、「転院したとしても頻回に通院することは不可能。長生きできる命ではないことがわかっているので、母親として、この子に少しでも長くそばにいてやりたい」と真剣なものでした。

「在宅ケア」に移行するための倫理分析

　産科スタッフと周産期部の看護師、遺伝カウンセリング室のスタッフが集まりミーティングが行われました。技術的な面と倫理的な面が検討されたのです。夫婦の在宅ケアの希望に病院が同意することについて、倫理的に分析してみましょう。考えうる多くの可能性について検討されましたが、ポイントとなった点だけを抜き出してみます。

1）自律原則による議論

　在宅ケアは家族からの自発的な希望で、病院側はなんら退院を促すような態度をとっていません。現在の病院は夫婦の自宅から車で8時間という遠距離でした。そのため、転院の準備として、夫婦は一度、自宅から比較的近い紹介先の病院を受診して「受け入れ」を前提に相談しています。その病院でも夫婦の住所からは車で2時間もかかりました。決断は夫婦に任せ、無理に転院を勧めるようなことはしていません。現在の病院への週に1度の面会は、出産時に夫婦が契約していたウイークリーマンションを利用して泊まりがけでした。夫も育児休暇をとっていることがわかりました。このような負担が在宅ケアを決意させた可能性は否定できませんが、在宅ケアは夫婦の自律的な決意と考えられました。

2）無加害原則による議論

　在宅ケアではNICUのような高度な医療ケアは行えません。入院治療と比べて在宅ケアのほうが児の生命的な予後が悪いことは最初から予想できます。母親が看護師とはいっても24時間の監視は肉体的にも不可能で、結果的に子どもの在宅における死の転帰が夫婦に精神的なトラウマを残す可能性も予想できます。

3）善行原則による議論

　在宅ケアのメリットは確かに大きいものです。特に、短い命と予想できる子どもと十分な時間をもちたいという母親の気持ちは理解できます。夫婦に対する数回にわたる遺伝カウンセリングの経過からも「児の死期を早める」ことによって「夫婦が何らかの利益を期待する」行為（これは「悪いことを前提として良いことを望む」非倫理的行為といわれています）ではないと判断できました。このことについては周産期部の看護師たちの同意も得ることができました。

4）正義原則による議論

　現状で在宅ケアに移すことについて社会の合意が得られるか、法的な問題が起こらないか議論されました。大きな問題は、患児が予後きわめて不良の疾患であり、今回の事例は「在宅治療ではなく、在宅終末期医療である」こと、主治医と患児の地理的距離が離れていることでした。

　周産期部のスタッフの意見としては、子どもの「延命という見地からは在宅ケアは不利益な点が多い」が、それにもかかわらず、出産直後の「母親の強い愛着形成

を背景にわが子を満足な形で看取ることができる利益」を優先してもよいのではないかとの意見が優勢でした。出産前からの夫婦の言動を見守ってきたスタッフの意見として尊重できる意見と思われます。当然ですが、子どもの「延命を優先しない」背景に、「社会的支持が得られないような夫婦の利益優先」という目的がないことが明らかだったこともあります。むしろ、「看取り」がうまくいかなかった場合、後日になって、夫婦に精神的な罪悪感などの影響を残す危険も予想されました。

　この病院は研究センターとして研究倫理委員会が常設されていたので、委員と相談する一方、法律関係者の意見も聞きました。当時、在宅ケアはすでに研究や実験の段階ではなく、主治医・患者間の医療契約の一つの形として対応されていました。結果的に、
・主治医と夫婦が正式な在宅ケア契約を結ぶこと
・緊急時の対応について地元の医療機関の連繋を確立しておくこと
・人工呼吸器などの器具は現在の病院が貸与すること
・遺伝カウンセラーが精神的な支援を行うこと
など、具体的な方策が練られました。

付：その後の経過
　在宅ケアに移行して約1ヵ月でその子は死の転帰をとりました。2時間おきに母親は呼吸状況をチェックしていたそうですが、疲れて4時間ほど寝込んだ時、子どもは冷たくなっていたそうです。その日のうちに遺伝カウンセラーは母親と夫からの電話を受けたのですが、「○○は短い命だったが、家族に囲まれて精いっぱい幸せな生涯が送れたと思います。在宅ケアにしてもらって心から感謝しています」とのことであった。1年後には次の子どもを妊娠しました。「○○ちゃんとの体験をどう考えていますか」とのカウンセラーの問いに対して、「忘れるつもりはありません。次の子どもが成長したら可愛いお姉ちゃんがいたことを話すつもりです。あの子の体験が2番目の子どもへの愛情と、親としての責任感を強めたような気がします。これからの看護師としての仕事に活かしていきたい」と語りました。
　繰り返しになりますが、事例はクライエントが医療従事者であったという特殊な例かもしれません。母親が新生児の扱いに慣れていたからこそ在宅ケアが選択できたのだと思います。しかし、経験的にはこのような受容を行う夫婦は決して珍しくないのです。また、遺伝カウンセラーには倫理分析の基本をきちんと学んで欲しい

という希望から、この事例は夫婦の了解を得て遺伝関連学会で事例報告させていただきました（個人情報保護の見地から本書の事例は少し内容を変えてあります）。

事例演習 6　救命処置と安楽死をめぐって

事例は85歳男性の腎不全末期患者。臨終が近いと判断した主治医が「人工呼吸装置」の装着を行うかどうか家族に意思を確認したところ、患者の娘が「遠隔地に住んでいる私の兄が今、車で病院に向かっている。あと2時間で病院に着くと言っているので、なんとかそれまでもたせて欲しい」と言った。主治医は人工呼吸器を装着し、弟は臨終に間に合った。3時間後に主治医は人工呼吸器を外し、患者は息をひきとった。主治医の行為を倫理分析しなさい。

　10年以上も昔になりますが、生命倫理学の講義期間中に実際に報道された事件（内容は多少変えてあります）を基に作った演習課題です。背景には、わが国の人口の高齢化と医療の高度化があります。当時すでに救命救急医療センターに運び込まれる患者の半分以上が高齢者でした。しかも、在宅ケアが一般的になり、特に在宅終末期医療が医療政策の一環として進められていたのですが、最後の臨終を迎える段階で救急車が呼ばれ、蘇生が行われる例が問題になっていました。特に人工透析技術の進歩により、腎不全患者の終末期医療をどのように行うべきか、議論が行われていました。

　いったん装着した人工呼吸器を外す行為はわが国では「殺人」と見なされる可能性があります。実際のこの事件でも主治医は告訴され有罪になっています。裁判内容については調べていただくとして、倫理的背景を分析してみましょう。

　人工呼吸装置を外す行為としては、カレン裁判（1975年）が有名です。21歳のカレンはパーティでトランキライザーとアルコールを混ぜて飲用し、植物人間になりました。敬虔なカトリック信者だった両親はカレンの延命治療を望まず、人工呼吸装置の停止を希望したのですが、病院側が「殺人行為」になると拒否したので裁判に訴え、高等裁判所は病院側を支持したのですが、最高裁は両親の訴えを認めました（1976年）。カレン自身は装置を外された後に自発呼吸が復活し、意識が戻らないまま、1985年まで生存したのですが、この裁判は関係者の議論を呼び、1976

年の「カルフォルニア自然死法」の成立に至りました。

　船戸正久（ターミナルケアの課題、尊厳死とホスピスケア：学生のための医療概論、2014）によると、安楽死には、①積極的安楽死、②間接的安楽死、③消極的安楽死があり、「そのために死ぬことが予測できる」状態でいったん装着した人工呼吸装置を外すことは「積極的安楽死」にあたります。「安楽死法案」として立法化した国（オランダなど）もありますが、逆に認めていない国も少なくありません。わが国では「安楽死法案」は法律化されていませんので、積極的安楽死は殺人行為となりますが、個々の裁判では議論された例があります（**表1**）。また、わが国では超高齢化社会を迎えて、安楽死や尊厳死は避けて通ることができない医療問題であり、今後色々なガイドラインや法律が作られていく領域だと思います。

　表の地裁の意見がその例です。②の間接的安楽死とは、事例演習10.（末期患者へのモルヒネの増量）で扱ったような肉体的苦痛を緩和する「2次的効果」として命を短縮するような行為です。③の消極的安楽死とは、一般的な治療行為を行わず自然に死に導く行為ですが、②や③は「尊厳死」として、安楽死とは一線を画する考え方もあります。

　関連する用語と法的背景を理解したうえで、倫理的な議論を行いましょう。

1）自律原則による議論

　大きな問題は、85歳の患者の生前の意思（living will）がどうなっていたかです。この事例では、すでに何年もの間、患者は強い認知症で、自分の意思を表明できない状況でした。家族あるいは法的代理人を交えて臨死の救命方法について方針を決めておくなど、準備は全くされていませんでした。

　主治医は娘の希望を受け入れて挿管をしたのですが、他の家族の意思の確認や、もし挿管して救命した後に、人工呼吸装置を外すことは積極的安楽死となり、わが国の法律では行うことができないことをきちんと説明したかどうかが問題となりま

表1　横浜地裁（1995）「積極的安楽死の4要件」

（1）耐えがたい肉体的苦痛がある
（2）死が避けられず、その死期が迫っている
（3）肉体的苦痛を除去・緩和するために方法を尽くし、他に代替手段がない
（4）生命の短縮を承諾する患者の明示の意思表示がある

す。

　娘が「兄が到着するまで」延命して欲しいと主治医に頼んだ背景を確認しておいたほうがよい場合もあります。親の死に目に間に合わせてやりたいという善意だけなのか、その他の理由がないのかという点です。「死に目に間に合わなかった親族には遺産相続させない」などの親族間の取り決めがないとは言えません。この場合の圧力は自律的決断とは言えないかもしれません。自律的な決断でも、社会的に賛同を得ない場合もあります。

　3時間後に「人工呼吸装置」を停止して欲しいと希望した家族の申し出は、素人の希望としても、それは勝手です。この問題は正義原則で指摘されるでしょう。

2）無加害原則による議論

　人工呼吸装置の装着は、「延命」が目的であり、加害行為ではないのですが、その結果、人工呼吸装置の停止が患者の死の直接の原因になった場合、その延命行為が加害行為につながる可能性があります。また、もし患者が生前に「尊厳死」を強く希望していた場合、「延命」も加害行為ではなかったとは言えません。

　わずか3時間後に家族の希望を入れて抜管するなど、明らかに主治医の行為は無加害原則に反します。

3）善行原則による議論

　娘が「兄を死に目に間に合わせたい」という気持ちは善意からきたものかもしれません。しかし、いったん挿管した場合、抜管はできないということを娘が本当に理解していた場合、同じ申し出をしたかどうかはわかりません。安易に娘の要求を受け入れた主治医の責任はきわめて重いと言うべきでしょう。

　次に人工呼吸装置の停止はいかなる善行が背景にあったのでしょうか。「家族のためを思って同意した」あるいは「家族の希望を受け入れざるを得なかった」と弁明しても、この主治医の行為は医師の職務を果たしていません。

4）正義原則による議論

　わが国では安楽死法は立法化されていないのですが、一定の条件で積極的安楽死が考慮される場合があります。横浜地裁の4条件に当てはめますと、事例では（4）の「生前の意思が明らかでない」ことが明らかです。また、患者は脳障害が背景にあり、この何年間かは意思の確認もできていません。その代わりといっては問題で

すが、「肉体的・精神的苦痛がない」ことも事実です。（1）の条件にも当てはまりません。死期が迫っていることは確かですが、わずか3時間の間に患者の「延命」と、その対極にある「安楽死」に関する家族の希望を安易に受け入れた主治医の行為は、医療従事者の責任を果たしたとは言えませんし、「尊厳死」を尊重する立場からも社会的支持を得ないと思われます。

　実際の裁判の背景についての情報不足もあり、演習課題の事例は倫理分析としてはほとんどの学生が同じような意見を述べました。人口の高齢化と医療の発達を背景に、このような事例は今後増加すると思われます。

5）統合作業

学生が作成したレポート例
　安易に生命維持装置が装着され、わずか3時間後に装置が外され、そのために患者が死の転帰をとった経過は、たとえその理由が「親の死に目に間に合わせたい」という主治医と一部の家族の善意が背景にあったとしても、人間の「命の尊厳」を医療がもてあそんでいるように見える。患者の意思を確認しないままに救命医療を行う現代医療の問題点が背景にあるとしても、主治医の行為は患者自身の意思を尊重するという「自律原則」を重視していない。また、延命の停止が家族の希望だったとしても、わが国では積極的安楽死という違法医療行為にあたるし、間接的に家族に罪を犯させたことになり「無加害原則」の上からも主治医の責任は重いと思う。

事例演習 7　救命ボートに乗る乗客の選別

> 沈没しつつある船に12名の乗客が取り残された。1艘の救命ボートには10名しか乗れない。どうやって船に残る2名を選ぶべきか、議論しなさい。

　特殊な場面で「いのち」に序列をつけて選別するという行為は、医療現場では避けて通ることができない倫理的課題です。「平時の医療」の中でも、終末期医療や出生前診断などの現場で本質的には同じ問題が議論されますが、ここでは「非常時」の現場の倫理判断を取り上げます。

　背景には生命倫理学の本質につながる原理があるのですが、ここでは少し肩の力を抜いて映画「タイタニック」の場面を思い出しながら議論してみましょう。救命ボートの数が限られている場合に、どのような原則で乗客を選別するのがよいかという話です。タイタニック号の遭難事件では金持ちの一等船客や一部の船員が優先されたことが後日、問題になりました。しかし、全体的には当時の海事習慣により、婦女子が優先されたと言われています。西洋の「レディファースト」思想について少し触れておきましょう。女性崇拝思想は中世ヨーロッパの吟遊詩人が騎士道精神として王侯貴族の間に広めた思想で、イギリスのジェントルマン教育に採用され、ヨーロッパのレディファースト文化になったという説があります。必ずしも弱者保護思想といった福祉文化が背景にあるのではありません。さて、タイタニック号の遭難事件では、夫婦が分かたれ、結果的に多くの寡婦が生まれました。生き残った寡婦のその後の生涯が必ずしも幸福ではなかったという反省から、海事分野ではこの遭難事件の後に「家族単位優先思想（家族は一緒にしたほうがよい）」も生まれています。

　ビーチャムの理論に従って「乗客の選別」行為を倫理分析してみましょう。

1）自律原則による議論

　どのような「選別」でも2人の乗客は沈む船に残らねばなりません。「自分の意思」で残ることを決断した場合はともかく、「嫌々ながら残ることを強いられる」

のは人道的な行為とは言えません。「救命ボートに乗る乗客の選別」は、「遭難事故」という非常時の特殊な場面での決断です。しかし、このような場合でも「自律原則の重要性」は例外ではありません。「その場の多くが納得する選別方法」で、しかも後日に「社会的な同意を得る可能性が高い」方法を選ぶ「努力をする」ことは自律原則の重視につながります。例えば、「力の強い者」や「お金持ち」を優先するといった選択は、残された者の強い不公平感の原因となり、自律原則重視とは言えません。ただ全員が納得しなければならないと、あくまで自律原則にこだわりますと、「ボートを壊して全員が船に残ろう」といった非現実的な解決策しかなくなります。他の原則、特に正義原則による判断が重要になります。

2）無加害原則による議論

　これも乗客全員が危機的な場面での事態ですから、乗客の個々の不利益が「選別の過程に由来する」のか、「事故の被害に含まれる（例えば『火事から逃げる途中に他人から押されて転倒したからといって、押した人の責任を問う』のが現実的かという問題）」と考えるべきなのか、判断が難しい場合が多いでしょう。「自発的」にあるいは「無理やり」船に残ることを強いられた命の侵害を無視することはできませんが、正義原則の議論で「最大多数の幸福」をめざす行為の途上で発生した不利益が倫理的に許容範囲かどうかの議論をします。

3）善行原則による議論

　これも救命ボートに乗る乗客の選別は少しでも多くの命を助けるのが目的で、どのような選別が最も倫理的に社会の同意を得るか、正義原則で議論します。

4）正義原則による議論

　救命ボートの選別に関する中核的な議論になります。海の慣習では「婦女子優先」がルールでした。レディファースト文化の議論は別にして、背景には「弱者優先」という道徳思想があります。これはどちらかというと、義務論的な考え方で「理屈抜きの善行」ということになるのかもしれません。

　功利主義では「最大多数の最大幸福」をめざします。色々な考え方ができるでしょう。結果的に少しでも「多くの命を救命」することが目的であれば、「元気な若者」を選んで救命ボートに乗せるという考え方もあります。あとで解説するトリアージ的な選別です。病人や障害者、老人、幼児などの健康弱者は、たとえボート

に乗せても救助されるまでの厳しい環境の中で死亡率が高いかもしれません。この考え方は義務論的な倫理観に反しますので、後日に批判をあびる可能性を覚悟しておかねばなりません。助かった者が後に「社会的貢献」ができるようにと選別するなら、社会的な地位が高い人や特殊な才能をもった者を選んで救命ボートに乗せるべきです。いわゆる VIP 優先になり、社会的弱者は見捨てられるでしょう。これも後日批判を浴びます。あるいは家族や子どもが待っている人は優先してボートに乗せるべきという意見もあります。では、逆に身寄りのない者は船に残るべきなのでしょうか。これらは正義原則の中では「選択方法の秀逸性」の議論になります。

　正義原則で重要な「公平性」の議論では、「すべての命に優劣はない」といった思想を基に選別方法を評価します。「クジ」とか「じゃんけん」で決めるのが公平という考えもあるでしょう。また、「高い運賃を支払った一等船客は、その対価としてこのような場合に優先されてもよいのでは」といった意見も「公平性」の延長意見として出てきます。

　正義原則では、このように公平性や秀逸性の観点から考えられる個々の選択肢をできるだけ多く取り上げ、それぞれを「社会的な共感が得られるか」という観点から議論・分析します。社会的な評価は当事国の政治体制、文化、宗教、時代的背景で意見が分かれることもあるでしょう。倫理分析は「絶対唯一の正解」を求める行為ではありません。とりあえずの行動決定を行うための根拠を探すのが目的だと割り切る態度も必要です。

　「救命ボートの選別」が実際の医療現場で起こることがあります。

　医学教育の現場で、昔から採用されてきた教育方法があります。「お金持ちと貧乏人の２人の患者が同時に診察を依頼してきた。君はどちらから診察するか」と教授が学生に聞きます。学生が考え込むと、すかさず「重症の方から先に診察するのが当たり前ではないか」と一喝するのです。医師は貧富の差で患者を選別してはいけないという、ギリシャのヒポクラテス（BC460 ～ BC370）の教えに由来する医療思想です。現代的な解釈では、「重症者を救命できれば、後回しにした軽傷者を含めて２人の命を助けることができるかもしれない」という功利主義的な意見もあります。

　では、次のような場合はどうしたらよいでしょうか。

　集団中毒で 50 人の患者が発生しました。１時間以内にワクチンを投与すると確

実に治りますが、ワクチンは 20 人分しか確保できませんでした。残りのワクチンが届くまでに多くの患者は亡くなるでしょう。どうやって 20 名を選んだらよいでしょうか。これは「救命ボートに乗る乗客の選別」と同じ背景をもっています。

　わが国では「少なくとも表面的」には功利主義的な考えより、義務論的な倫理観を優先します。人種的偏見や社会的偏見により選別されるとか、VIP（政治家、有名人、地元の権力者など）優先とか、ワクチンを競り売りして多額なお金を支払った人に投与するといった市場主義は受け入れられないでしょう。弱者優先思想や、公平性を優先して「くじ」で決めるなどの方法は現場の当事者の合意を得やすいかもしれません。

付：トリアージ医療

　このような「選別」の特殊なタイプが「災害現場におけるトリアージ医療」です。
　阪神大震災（1995 年）の時、西宮に住んでいた私は 2 ヵ月ほど災害医療に参加しました。震災では 6000 人を超える死者が出ましたが、もし震災現場で「トリアージ」を的確に行うことができていたら死者を 4000 人に抑えることができたと言われています。トリアージとはコーヒー豆の選別作業を、災害医療の現場で「治療するか、しないか」負傷者を選別する作業に例えた言葉です。今でこそ災害現場では「トリアージ」という医療行為が行われることを誰もが知っていますが、当時は一般には知られていませんでした。瀕死の患者が治療してもらえない場合があり、被災者の方もそのような医療を受け入れることができなかったのです。

　災害医療で「少しでも救命率を上げる」ことを目標にするとトリアージが必要になります。まず災害医療の専門スタッフが現場で患者を診て一人ひとり「救命」、「救命しない」、「治療しないで後方移送」などを示す印（トリアージタッグ）をつけていきます。そのあとを救護チームがタッグに従って対応します。救命の可能性がない患者は治療をしません。もともとは戦場で考えられた医療思想で、戦争や災害現場という「平時の医療」とは異なる場で採用されます。災害現場ではマンパワーも医薬品も限られているからです。「人間の命は平等だ」という人道主義とは一見、異なった考え方ですが、極限の状態で「いのち」を最大限に救うことを目標にした医療です。

　本格的なトリアージはピストルを持った高級船員が「救命ボートに乗る乗客の選別」を指揮するように、銃を持った兵隊の管理下で行うべきという意見もあります。普段から的確にトリアージができる災害医療の専門スタッフを育てるだけでな

く、災害医療について住民を教育しておかねば、いざというときにトリアージ医療はできません。私も災害時の医療活動に関する講演で、トリアージについて触れた時、聴衆から「トリアージは人道主義に反するのでは」との質問を受けたことがあります。「誰の命も価値は同じ。公平に治療すべきではないか」との意見です。確かに「公平性」の確保は正義原則の基本です。もし一部の命を優先するなら、その行為がその場の全員に納得できるものでなくてはいけません。私は、「もしトリアージが行われなければ、どのような順序で診療が行われるか、考えてください。救命率が下がるだけでなく、社会的弱者は後回し、VIPが優先などという不公平は、過去の戦争や災害ではいくらでも例がありますよ」と反論していました。もちろん、マンパワーも医療資材も十分な平時の医療現場ではトリアージを行ってはなりません。平時と非常時の的確な切り替えが重要なのです。

　非常時の医療現場だけでなく、平時の医療現場でも患者を選別したり、命に序列をつけなければならない事態は珍しくありません。医療従事者に倫理教育が必要な理由です。

ボディスキャンは人権侵害か

多発するテロ対策の一環として、海外の航空会社ではボディスキャン*の導入を検討している。しかし、ボディスキャンが人権侵害だとの意見があり、議論が続いている。原理・原則主義に従って倫理分析を行ってみよう

　このテーマは私が2010年1月に助産師を対象とした生命倫理教育の現場で実際に演習に用いたものです。事前に技法について解説し、聴講者をグループに分けて結果を発表させた内容を中心に補筆しました。

1）自律原則が守られたかの議論

　自律原則が守られているか、次のようなポイントを確認します。乗客の言い分が社会的に許容されるかどうかについては、正義原則で議論します。

・ボディスキャンの必要性について、乗客はどのような説明を受けたのか。その説明は科学的に十分な裏づけがあり、偽りや嘘はないか
・ボディスキャンの拒否は可能か。拒否できないような周囲からの圧力は存在しなかったか
・検査を拒否する乗客に対してどのような処置がとられるのか（搭乗拒否、他の交通機関の利用を勧める、強制検査、本人に気づかれないようにこっそり検査する、別室で同性係員による従来検査など、色々な対応が考えられます）

2）　無加害原則から見た乗客が受ける不利益の予測

　問題の行為が乗客個人や周囲にどのような不利益をもたらす可能性があるか、リストアップします。それぞれの内容が社会的に許容されるかどうかは正義原則で議論します。

・「自分の裸が覗かれる」生理的嫌悪感

＊ボディスキャンは3D超音波診断の技術を応用した透視装置により、乗客が衣服の下に隠した爆発物を発見する技術。

・他人に見せたくないものが発見される恐怖感
・「超音波が健康を害しないか？」という不安
・宗教的・社会的理由に基づく罪悪感（イスラム教では女性は夫以外に裸をみせて
　はならない）
・人種／宗教差別を助長する可能性
・航空運賃の値上がりにつながる可能性

3) 善行原則（与益原則）から見た乗客の利益の予測

　対象となる行為が乗客や周囲にどのような利益をもたらすか、リストアップします。それぞれの妥当性は正義原則で議論します。
・爆発物を事前に発見することは乗客の生命の安全性に直接的に寄与
・爆弾を機内に持ち込めないことがわかり、テロ行為の予防に役立つ
・従来の検査より短時間で済み、乗客は待ち時間の短縮になる
・係員に身体を触られるよりよい
・検査を導入した航空会社は信頼性が増し、会社としても乗客の獲得に寄与
・導入には資本投資が必要で、経済効果がある

4) 正義原則による分析と検証

　総論で述べたとおり、ここでは「公平性」や「有効性」の吟味を行います。自律原則・無加害原則・善行原則でリストアップした内容が社会的立場から許容できるかどうかも議論するのです。最も議論が白熱する場面ですが、社会的立場はエビデンスに基づいて客観的に述べることが重要で、偏った独善的な主張をしてはいけません。議論の主な論点をまとめました。

・議論の出発点として、テロ行為はなぜ「悪いこと」なのかという確認が必要です。われわれは無意識のうちに宗教・政治論争に加担していることがあり、偏った見方をしていることがあります。きちんと検証しておかねばなりません。また、他の交通機関を利用できない海外渡航では乗機拒否は脅迫であることも知っておかねばなりません。
　一例として、ジュネーブ宣言を引用した職業倫理の立場からの見方があるでしょう。宣言によると、宗教・国家権力その他いかなる圧力にも屈せず、人間の生命を尊重しなければなりません。その立場からはテロリストが掲げる闘争に直接か

かわりのない不特定多数の乗客の命を脅かすテロ行為を、たとえ政治的・宗教的な背景があったとしても、倫理的行為として受け入れることはできません。立場によって倫理観は異なるので、出発点が違うと議論が混乱することがあります。

・全員に行う検査であること。外交官や VIP、航空関係者などを特別扱いしては公平性が損なわれます。特定の宗教や国籍をターゲットにした検査ではないことを公表し、公平性を担保しなくてはなりません。

・信仰する宗教によっては一部の乗客に不公平感が残る可能性があります。特別な対応措置が必要ですが、特別措置によって逆に不公平感を高める結果につながってもいけません。

・有効性については疑問が残るかもしれません。インターネット情報では「布爆弾」など超音波装置で発見できない爆弾があるといいます。新しい爆弾を開発するテロ組織とのイタチの追いかけごっこにならないかという指摘もあります。ただボディスキャンは現時点で取りえる有効な対策として一定の評価がなされているようです。

・テロ被害の現状からは検査を拒否する自由は制限されても止むを得ないでしょう。刃物の機内持ち込み制限など同様の制限例はすでに実行されています。

・隠れ検査は論外としても、他の手段を選択可能にすべきという意見が出るかもしれません。どの選択をしても不便性は許容範囲で、差別されないような配慮が必要です。

・検査の必要性について乗客が納得できる十分な説明が必要です。

・検査に用いる超音波が健康被害の原因になるという医学的エビデンスはありません。生理的嫌悪感については、不安を解消する十分な努力がなされれば、この理由による検査拒否は社会的に許容できないと考えられます。

・宗教的罪悪感については宗教の自由を謳っているわが国では、社会的にも同意しなくてはなりません。宗教・政治的に妥協できる接点は本当にないか、探す努力が必要です。

・犠牲になる乗客の命の保障と 1 機が何十億円もする飛行機の損害を考慮すると、設備投資は費用対効果の点からも採算があうのではないかという費用対効果論からの議論もありえます。

・航空会社が乗客の安全確保に全力をあげるのは社会的にも支持される基本的態度であり、検査導入が運賃値上げ（乗客の不利益）や企業利益（会社の利益）につながったとしてもそれは結果です。2 重結果原則からは「悪いこと」を前提に「良

いこと」を狙ったとは言えないし、均衡原則からも「良い目的の遂行が他の何よりも優先して必要」だった例と見なされる可能性があります。

　正義原則の検証では自律・無加害・善行原則に基づく意見の社会的妥当性を分析することになるので、正義原則の枠内で「一定の結論」を出すことも可能です。しかし、公共（社会）の利益が個人の利益・不利益に反するように見える場面は医療現場では珍しくありません。「正義」という言葉にとらわれず、ここは社会的利益追及に徹した議論をしておいて、次の統合で意見の擦りあわせをするほうがスムーズな議論になると思います。

5）　統合作業

　4原則に従って議論した内容を統合して、「一時的な仮の結論」をまとめます。

　人命を尊ぶ医療従事者の職業倫理からもテロ行為を許容することはできない。テロの脅威にさらされている現状では、乗客の安全確保が一義的な目的であるかぎり、乗客に最小限の嫌悪感や不便をかけたとしても、社会的にも許容の範囲とみなされるだろう。しかし、宗教的な問題をもつ乗客や、他の交通機関を選択できにくい乗客の気持ちや不便性を配慮すると、十分な説明と公平な運用はもちろん、必要に応じて他の検査手段を選択できるような配慮が必要である。また検査が思わぬ被害を発生させたり、より有効な手段が開発された場合は速やかに検査手段を変更できるよう、柔軟で総合的な対策を心がける必要がある。

　一つの統合的意見ですが、この段階ではグループによって様々な結論が出てくるのが普通です。その原因の一つはグループによる情報量の差によります。超音波で爆発物が有効に発見できるかどうかは知らない学生がほとんどですし、宗教的背景について、日本人と外国人で議論の質が異なるのは当然です。ここに、倫理分析の過程でエビデンスを探す重要性が指摘できます。医療現場を熟知している医療従事者が、生命倫理の専門家（多くが哲学出身）の話に不満をもちやすい理由にもなっています。紹介した分析過程と結果は素人の意見に過ぎませんが、一定の方法で倫理分析した過程を、新たなメンバーや異なった領域から検証することにより、活発な意見が生まれ、新しい合意が形成される可能性は高いと思われます。倫理分析に

グループワークが有効な理由でもあります。

看護現場でのセクシャルハラスメント

患者は 65 歳独身の白血病末期患者。看護実習生 A は担当看護師から清拭指導を受けた後、翌日にその患者にベッドサイドで「声かけ」を行った。その時に患者から「マスターベーション」を依頼された。近くに担当看護師が見つからず、後で患者が恥ずかしい思いをしたら可哀相と思い、A は看護ケアと割り切って手伝った。患者は涙を流して喜んだという。話を聞いた担当看護師が病棟師長に連絡、師長から実習生が所属する大学に連絡があった。看護学生の行為を倫理的に分析しなさい。

　看護大学時代に実際に経験した事例です。当時、私は倫理委員会の副委員長や人権委員会の委員長、産業医を兼務していたため、このような相談が持ち込まれたのです。

1）自律原則による議論

　看護師 A の行為は強制されたものではありません。「看護ケアと割り切った」ように自分で意思決定しています。ただ、このような場合にどう対応するべきか、事前に教育がなされていたかどうかはチェックしておかねばなりません。今回の学生の対応は明らかに「看護ケア」ではありませんが、きちんと教育されていたかどうかは重要です。

2）無加害原則による議論

　看護師 A の行為が患者を害することにならないか、検討します。マスターベーションという負荷が患者の健康に影響を与えることは確かです。「運動負荷」と同じように考え、看護師が独断で決断できることではありません。何もなかったということは、単に運が良かったと考えるべきです。また、この行為が事後に患者になんらかの「精神的苦痛を与える可能性」もゼロではありません。看護師としては患者に発生するかもしれない健康被害については業務の範囲なのです。またマスター

ベーションという行為の補助が看護師の品位を冒すという考え方も当然あるでしょう。ユニフォームである看護師の白衣の意味は看護教育で教えられているはずです。

3) 善行原則による議論

　Ａが「看護ケアと割り切った」と言っていること、「後で患者が喜んだ」とのことなので、その行為は「善行を目的として」行った可能性が高いと判断できます。ただ、「マスターベーション」が善行にあたる行為かどうかという議論になります。この議論は正義原則に任せてよいと思います。

4) 正義原則による議論

　社会的通念あるいは看護の立場から A の行為を認めることができるかどうかという議論になります。看護教員の意見は概ね次のとおりでした。
・マスターベーションの援助は看護ケアではない
・医学治療とは無関係の行為であり、看護の品位を落とす
・健康に影響を与える可能性があり、看護の裁量外
・一種のハラスメントで、女性蔑視の社会的風潮を助長する
・看護実習生は実習前教育で、病院で起こりやすいセクシャルハラスメントについ
　ては十分な指導を受けていたはずだ
と、学生の行為に対してかなりきびしい意見でした。確かに、性欲を罪悪と考える文化や風土では「悪いこと（性行為）を前提として善いこと（患者の満足、幸福）をめざす」という2重結果原則から善行ではないとの意見も成り立ちます。これはどちらかというと義務論的な考え方で、日本社会では受け入れられやすい思想でしょう。ただ、「他人を喜ばせる」行為は善行ではないか、という点も一度は検討してみる必要があるかもしれません。選考功利主義的な思想では「功利主義が暴走しないための条件」を探すことも重視されます。医学的には「性の欲望」は「生への欲望」と考えることもできます。「性の欲望」を単に押さえつけるだけでなく、回復に向けてのケアや、予後が悪い患者の今後の希望や満足度に結びつけることができないか考えるべきという意見もあります。「看護ケアではない」と言い切ってよいのか、ある程度、議論したうえで、とりあえずの結論に向かわなくてはなりません。ここでは、「看護学生 A はどうするべきだったか」という結論を「統合の意見例」として紹介しておきます。

5) 統合作業

　事例について複数の看護教員が議論した結果、学生 A はどうするべきであったかという意見をまとめました。

> ・学生は「看護師の仕事ではない」ことを患者にきちんと告げた後に、指導看護師に報告して指示を待つべきだった
> ・対応技術として「今後の治療方針や家族の話」などの話題に変えて、性的な欲望の昇華をめざしたり、「元気になったわね」と笑い飛ばすのもうまくいくことがある
> ・看護ケアとして重要なポイントは、依頼した患者自身が恥ずかしい思いをしたり、気まずいわだかまりを残して、事後の看護ケアに悪い影響を残さないよう注意することである

　今回は看護現場ならではの事例ですが、このように倫理分析は教育活動に生かすこともできます。

1
2
3
4
5
6
7
8
9
10
11
12
13
14
15
16

事例演習
10

末期患者へのモルヒネの増量

> がんの終末期の疼痛に苦しむ患者がいる。モルヒネを増量することにより患者の疼痛は緩和できると思われるが、死期を早めることも確実である。主治医は家族と相談してモルヒネの投与量を増量した。患者は2日後に静かに息をひきとった。主治医の行為を倫理的に分析しなさい。

事例も医療現場でよく議論される倫理判断です。終末期医療における問題ですが、緩和ケアは現在ではホスピス病棟だけでなく、一般の病院でも専門医療として普及しています。わが国では患者の延命が優先される傾向があり、モルヒネの使用には慎重だった時代があります。皆さんが医療の現場にいる気持ちになって、事例の主治医の行為に倫理的な問題がなかったかを分析して下さい。解説は拙著「クライエント中心型の遺伝カウンセリング（オーム社）」で議論した内容を引用しています。

1）自律原則による議論

自律の原則の議論は行為を受ける者（患者）の意思の確認から始めます。事例の場合、疼痛に苦しむ患者が正常に意思を表明できたかという問題があります。患者の判断力が低下している場合（意識レベルが下がっている、認知障害がある、子どもの場合など）でも患者の意思確認の行為は省いてはならないというのが現代医療の考え方です。このような場合は特に第3者の立ち会いが必要です。立ち会い人は法的な代理人すなわち夫婦、肉親、親戚などの身内や法律専門家が適当ですが、緊急の場合でも看護師（患者サイドに立つ専門職）の立ち合いは必須です。さらに、どのように了解を得たかを医師はカルテに記載しておく義務があります。患者の意思確認を済ませた後に、正式なインフォームドコンセントを法的代理人（家族など）からとります。インフォームドコンセントの項目については**表1**にまとめておきました。

表1　わが国の医療現場で採用されているインフォームドコンセントの内容

(1) 診断の結果に基づいた患者の現在の病状を正しく患者に伝える
(2) 治療に必要な検査の目的と内容を患者にわかる言葉で説明する
(3) 治療の危険性の説明
(4) 成功の確率の説明
(5) その治療処置以外の方法があれば説明する
(6) あらゆる治療を拒否した場合にどうなるかを伝える

　ここまでは一般の医療現場で普通に行われている内容です。倫理分析ではもう少し深く検証しなくてはなりません。

　欧米では行為を受ける当事者（患者）の意思が最優先されますが、わが国では関係者すべての自律性を尊重すべきとの意見が強いのです。これは文化の違いでしょう。医療行為全体の倫理性を分析する場合は特に関係者すべての自律性を確認することが大切です。例えば、モルヒネの増量について付き添っている家族からの強い要請があったとしたらどうでしょう。もしかしたらナースコールを繰り返される担当看護師からの要請があったかもしれません。あるいはベッドを他の患者に使いたい病院側の希望があったかもしれません。動機によっては当事者の自律性が冒されているかもしれません。また、患者は医師の指示には逆らえないものです。インフォームドコンセントがどのような場で行われたかも大切です。

　例えば、手術の前に家族は承諾書にサインさせられます。かつての承諾書には「いかなる手術結果についても異議を申し立てません」という文章がありました。承諾書は病院側の訴訟対策の一環として必要だったのです。現代ではどのような承諾書があっても医療事故は病院側が責任をとらされます。命を助けて欲しいという患者側の書いた承諾書は「対等な契約」とはいえません。インフォームドコンセントも行為を行う者（主治医）と受ける者（患者・家族）が対等な関係であることを確認して行う必要があります。医師がなんらかの便宜を提供することを交換条件に患者・家族の承諾をとることも非倫理的と判断されます（治療研究の場でこのようなことが起こりやすいのです）。次のような理由による主治医の決断は自律の原則から問題があると指摘されるでしょう。

・「患者の苦しみを同じ人間として見るに耐えなかった」
　このような理由はインフォームドコンセントが不十分だった言い訳にはなりませ

ん。自律原則の無視とみなされます。

・「患者から楽にして欲しいと頼まれた」

　患者の判断力、立ちあい者の有無が問題になります。この場合も関係者に対するインフォームドコンセントを省略することはできません。

・「患者の living will に従った」

　living will（遺書、生前の約束）は法的な文書でなくてはなりません。「日頃から言っていた」では有効ではありません。また正式な契約があったとしても、再度の意思の確認と家族の承諾が必要というのがわが国の現代医療の考え方です。

・「家族から頼まれた」

　家族にも法的代理人の資格がある家族から親戚まで色々あります。正式なインフォームドコンセントが行われたかどうかが重要です。中には相続がからむ事例もあります。

　このように形式的なことだけでなく、動機にも立ち入って倫理性を検証しなくてはなりません。関係者一人ひとりの動機の解明は容易ではありませんが、ここでも遺伝カウンセラーが日頃から練習している共感的理解という技法が役に立つでしょう。自律の原則は現代倫理学では最も尊重されるべき倫理原則と考えられています。

2）無加害原則による議論

　主治医が行う医療行為は患者の利益をめざしたものですが、その引き換えにどのような不利益が生じるか知っておかねばなりません。2重結果論と呼ばれますが、「悪いこと」を前提に「良いこと」をめざすのは倫理原則に反します。例えば患者を殺すこと（悪い）により苦しみから解放すること（良い）は倫理的とは言えません。ただ、倫理原則間で対立（2重結果）が生じることは医療現場では珍しくありません。その場合でも条件を分析して医療行為として受け入れる場合があります。2重結果原則における原則と条件の考え方を**表2**にまとめておきます。（4）は均衡性原則とも呼ばれます。

　かつてアメリカでは、一部の宗教団体がモルヒネの使用は「意識レベルを下げる」という悪い結果を前提に「疼痛の回避」という良い結果をめざしているという理由で反対運動を起こしたことがあります。しかし多くのキリスト教国で、（4）の

表2　2重結果原則（principle of double effects）のチェック項目

(1) 行為自体が倫理的に適切（モルヒネの投与は正当な医療行為）
(2) 良い結果を目的にしている。悪い結果は目的ではなく、予想され許容される対象である（死期を早めるのが目的ではない）
(3) 悪い結果を介して良い結果がもたらされる可能性があるというのではない（死期を早めることにより疼痛を回避するのではない）
(4) 悪い結果が予想されるにもかかわらず、行為を行うに足るだけの理由（良い結果の見込み）がある（均衡性原則）

（　）内は条件を示す。

均衡性原則を優先して正当な医療行為と認めたという経過があります。

　考えようによっては、患部を切除する外科、副作用を覚悟した薬物療法など、いくらでも例があります。医療は基本的には功利主義（少数の犠牲で多数の利益を求める、結果が良ければすべて良し）的な思想のもとに行われる技術が多いのです。この場合は「正義原則から許容できる条件を見つける」という作業を行うべきとの修正功利主義の立場からの思想があり、これは正義原則で議論します。

　さて、モルヒネの投与については次のような点を検証します。
・「モルヒネの増量は患者の死期を早めることにより患者や家族に不利益をもたらさないか」
　モルヒネの増量が死期を早めるかどうかの医学的根拠が必要です。また、もし増量しなかった場合の延命効果の予測について主治医がどのように考えていたかの検証も必要です。
・「モルヒネの増量により、患者の意識レベルが下がることは患者の人間性を損なうことにならないか」
　2重結果原則で解説したとおり、これは実際に宗教団体から指摘を受けたことです。このことが許容できるかどうかは正義の原則で議論し、ここでは「実害の一つ」としてリストアップに留めておきます。
・「患者の意識レベルの低下や死期が早まることによって、関係者は患者の死を自然に受け入れることができるか」
　患者と関係者が好ましい形で死を受容できるようにするのが末期医療の重要な目的です。モルヒネの増量がこの目的に支障をきたすかどうか検証しなくてはなりません。場合によっては家族の医療不信を招いたり、家族関係の亀裂、訴訟の原

因になります。

・「医療従事者のトラウマの原因にならないか」

「関係者」には医療従事者側も入ります。医療従事者が受ける害も検証しなくてはなりません。非倫理的な行為は医療従事者側にもトラウマを形成します。生殖医療の現場で、耐えられなくなった看護師が離職する例もあります。

3) 善行原則による議論（与益原則、利益の検証）

　行為の主体者（主治医）から見て、その行為が善行かどうかを判断することは難しいものです。独善的になったり、恩恵的な思想が混じる危険性があります。クライエント中心型の遺伝カウンセリングの立場からは関係者の間に発生する「利益」を検証します。モルヒネの増量がもたらす利益には次のようなものが考えられるでしょう。

・患者の苦痛を回避できる

・尊厳死により、家族や関係者は患者の死を好ましい形で受容できる

・延命治療に比べて関係者の肉体的・精神的・経済的負担を軽減できる

・患者の苦痛を目にする家族の精神的負担を軽減する

・医療資源の効果的運用を可能にする

　とりあえず考えられる利益をすべてリストアップしますが、それぞれの利益が「善行」かどうかは次の正義の原則で厳しく検証しなくてはなりません。「善行」と判断されるためには一定の条件が課せられるのが普通です。例えば、最初の項目の「患者の苦痛を回避」についても、苦痛の回避が他のどのような処置にも優先させるべき根拠がなくてはいけません。また、その手段は医学的に認められた治療の一環でなくてはなりません。モルヒネの増量が他の医学的処置に優先して採用されるべき医学的根拠（EBM）も必要です。これらの条件を満足して初めて「善行」と判断されます。この条件については次の正義の原則で考えます。

4) 正義原則による議論

　これまでのステップは当事者や関係者を中心において検証するため、比較的周囲の合意を得やすいものです。正義の原則は当事者や関係者が生活する社会の立場からの検証です。立場によって意見が分かれることが多く、議論が白熱するのが普通です。社会的合意が得られるための「条件」を検証しなくてはなりません。社会的

な立場を優先すると当事者や関係者の利益が損なわれることがあるので、被る不利益が許容範囲かどうかの議論も行います。独善的な考え方ではなく、数々の倫理原則や思想を背景に分析する態度が必要です。事例の場合には、次のような検証を行なわねばなりません。

・「モルヒネの増量という医療行為は社会に対して公表でき、同意を得る可能性が高い行為かどうか」
　①モルヒネの使用は患者の状況下で社会的・医学的に最も優先度が高いと認められた医療行為か（他の方法はないのか、もし使用しなかった場合の予測）
　②適切な手続きを得て選択され、適切な方法で実行されたか（インフォームドコンセントの確認、カルテへの記載、緩和ケアの専門家の意見を参考にしたか）
　などの条件を満足しているかどうかを検証します。もし、末期医療に関するガイドラインがあれば、ガイドラインに沿っているかどうかも確認します。末期医療の現場で生じた裁判事例にも目を通し、事例の場合に法的な問題が起こる可能性がないか検証しておかねばなりません。

・「本当に患者の利益を目的に選択された治療選択か」
　無加害原則でもチェックしましたが、特に２重結果になっていないかを検証します。患者の意識レベルを下げたり、死期を早める可能性が許容範囲かどうかを議論しておかねばなりません。医療現場では２重結果原則の第４項を重視し、「良い結果のためには悪い結果に対して目をつむらざるを得ない場合がある」という均衡性原則（principale of proportionality）を優先する場合もあります。ある意味では目的論的思想ですが、患者中心医療を標榜する現代医療ではその目的が社会の同意を得られる場合はやむをえないと判断される場合もあります。「悪い結果」を目的としているのではないことが社会の同意を得るための要件です。

・「善行の原則や無加害の原則でリストアップされた当事者や関係者の利益・不利益は社会的に同意できるものかどうか」
　この判断の難しさは、他人が同意（容認）できるかどうかが立場や社会通念によって異なる点にあります。例えば日本人には「痛みを我慢するのは美徳」と考えられた時代もありました。無痛分娩の普及や緩和ケアの現場で麻薬の取り扱いの難しさにその名残があります。特に「麻薬」の使用は医療と治安維持の立場が対立

した時代があります。欧米では「疼痛」は「悪」と考えますので、例えば外洋の
ヨットレース参加艇は「モルヒネの携行」が義務づけられます。日本がレースの
ゴールになった場合は、到着したヨットに最初に乗り込むのは「麻薬が使用され
たかどうか」確認する麻薬調査官という「笑い話」が残っています。また、私が
研修医の頃には麻薬の外来処方はまだ認められていませんでした。がん患者の在
宅療法が盛んになってようやくモルヒネの外来処方ができるようになったという
日本独自の歴史があります。背景にはわが国の医療における患者の権利の向上
や、欧米思想の流入があるでしょう。このように、社会的な倫理観が国際化に向
かっていることは確かですが、国が異なれば倫理判断は異なるのです。

　事例のような対応は末期医療やホスピス医療の現場では普通のことになってきま
した。さらに最近では終末医療のあり方が議論され、過度の延命処置を制限するよ
うなガイドラインの作成が検討される時代になりました。正義原則の議論は最新の
社会動向の調査が必要で、実際の演習の場面ではインターネットに接続した情報検
索が必須になります。

・「資源の有効活用や費用対効果の予測が正当なものか」
　いずれも社会にとっては利益をもたらす可能性があります。しかし、その利益の
予測が正当かどうかを検証しなくてはなりません。場合によってはわが国の医療
制度や医療の現状を明らかにしたうえでの議論が必要です。ベッド不足から末期
医療の過程を短縮するような行為は社会の同意を得られません。もし病院の利益
追求や医療従事者の労力軽減が背景にあった場合は社会正義に反すると見なされ
る可能性があります。また、資源の有効活用や費用対効果の思想は必ず無加害の
原則でリストアップした当事者や関係者の不利益につながります。これらの不利
益の許容が社会正義の立場から許容範囲かどうかも正義の原則で議論します。

5）統合作業
　「模擬倫理委員会」の要領で統合作業を行い、「とりあえずの結論」を作ってみま
しょう。一般には正義原則での議論は統合的な性格をもっています。当事者を中心
とした議論ではなく、社会的な立場が優先されるからです。ただ、社会的立場が優
先されると「最大多数の利益」が優先されて少数の利益が犠牲になることがあり得
ます。そのことにも配慮するのが、この統合作業なのです。

1）から4）のステップでは比較的順調に検証が進んだのに最後の統合作業で意見が分かれることも珍しくありません。どの倫理原則を優先するかは、一人ひとりの立場や倫理観で異なります。医師と看護師で意見が分かれることも起こります。また、医療従事者と一般社会人で意見が異なることも起こります。「医療現場での常識」は必ずしも「一般社会の常識」ではないことがわかります。

　次の統合例はある看護学生のグループが作成した例です。これが正しいというわけではありませんが、一つの結論です。倫理分析の教育では、議論した過程が大切なのです。

学生が作成したレポート例

　疼痛に苦しむ患者に対して医師が家族に提案したモルヒネの増量は、ほかに治療法がなく、死期が迫った患者の当時の状況では医学的見地からも妥当な選択であったと考えられる。説明は肉親（妻と長男）になされ、承諾を得た。また、主治医はモルヒネ量の決定と管理について麻酔科医と疼痛専門看護師の意見を聞いた。これらの行為は主治医が患者の苦しみを低減することにより、人間としての尊厳を保ち、家族に肉親の死を好ましく受容させることを最優先したもので、患者の意識レベルを下げたり、死期をわずかに早めた結果になったとしても、そのことにより発生する利益を追及したものでは断じてなかったと考えられる。主治医の行為は患者家族の立場からも社会正義の立場からも容認できるものと判断した。

プラシーボ（偽薬）の投与

事例演習 11

> 40歳の肺がん（骨転移あり）患者。疼痛ケアが行われているが、それでも頻回に疼痛を訴える。夜間に患者が疼痛を訴えた場合、担当看護師Aは主治医の指示に従ってビタミン剤を「鎮痛剤」と偽って注射している。この注射により、患者の疼痛はおおむね寛解するようで、患者も満足している。看護師Aの行為は倫理原則に反するものであろうか。

　比較的最近まで、「予後の悪い」疾患の診断名を患者に告げないで治療することは、特にがんの治療現場などではよくありました。患者を「騙す」ことになるため、是非をめぐって議論されてきましたが、この行為が患者自身の知る権利を侵しているのではないか、患者が「弱い者」と考える背景にパターナリスティックな日本医療の特徴があるのではないかと反省され、現代医療では「がんの告知」も一般的になってきました。このような「患者中心の医療」への移行には生命倫理学の発達も影響しています。

　では、事例について分析していきましょう。

1）自律原則による議論

　医療は患者と医療者の信頼関係によって成り立っていることは、誰でも納得するでしょう。この信頼が成り立つためには、医療者が「ウソをつかない」という約束はもちろんですが、「治療の内容を患者は知ることができる」という権利が保証されねばなりません。ところが、偽薬が効果を発揮するためには、患者が自分に投与されている薬が「本物」であると信じていなければなりません。偽薬であるとわかると、効果が出ないのです。疼痛の緩和という「善行」を目的にした「ウソ」ということになります。「悪いこと（ウソをつく）を前提に、善いこと（疼痛の緩和）をめざす」という倫理問題になります。この場合は、患者の法的後見人と考えられる家族には「本当のこと」を告げておく必要があります。家族が事実を知っても秘密を守ってくれれば、治療に直接影響する可能性がないという前提にたっていま

す。

　ここで、もし家族に「偽薬の投与」について IC を取る場合、どのような点を確認しておくべきか、基本的なことを整理しておきます。
・偽薬投与の必要性（医学的背景）
・その他の治療法についての情報提供と比較（疼痛ケアの立場から）
・その効果の予測（期待される効果、副作用の可能性）
・偽薬投与をしなかった場合の予後の予測

　自律原則が目的遂行のために制限せざるを得ない局面は時々起こりえます。自律的な決断が制限されている乳幼児や判断能力を失った患者については、必ず家族に医療内容を告げる義務があります。
　次の（事例演習 12）で解説する治療研究における偽薬（プラシーボ）の投与は治療薬の開発という別の目的が加わりますので、問題はさらに難しくなります。
　さて、自律の原則についての議論が一通り終わりましたら、次の原則の議論に移ります。自律原則での議論で、意見がまとまらなかった場合は、とりあえず議論を棚上げしておきます。最後に正義の原則で「社会的にはどちらの意見が受け入れられるか」という観点でもう一度、議論します。

2）無加害原則による議論
　もともとは「たとえ患者に頼まれても毒薬を処方してはいけない」というヒポクラテス以来の医倫理に源がある思想です。偽薬そのものに有害な薬理作用がなくても、「効果がないとわかっている」薬の投与も「毒薬の延長」と見なされる場合があります。偽薬投与により、疼痛がコントロールできなくなる予測がある場合も投与できません。事例では「概ね寛解するようだ」と客観データがあるので、この点はクリアしています。ただ、「もっと良い対応方法があるのではないか」も議論されねばなりません。緩和ケアの専門職の目から、「現時点では偽薬投与が適当」という判断が必要になります。この事例の場合は看護師や家族が偽薬と知っていますので、その情報が患者に漏れることも考えておかねばなりません。その場合は治療者と患者の人間関係が損なわれる可能性もあります。その対策も準備しておかねばなりません。

3）善行原則による議論

　基本的には、偽薬投与が「患者のためを思って採用された」行為かどうかを確認します。医療現場では一人ひとりの医療職が「患者のために働いている」という「当然の」気持ちをもって協同作業をしているはずです。しかし細かく分析してみると、色々な問題が浮き上がってくるのが普通です。患者は弱い立場のため、医療者にパターナリスティック（父権的）な感情が湧きやすく、特に多忙とか想定外の医療者側の条件によって処置の方針が変わることもあります。

　偽薬の使用は「災害医療の現場」や「戦場」で「治療薬がない」など特殊な条件下で「止むを得ず」行われる場合があります。もちろん、「限られた薬剤」をVIPへの対応を優先するために使用制限したり、患者の人格的な背景から使用制限することは大きな倫理的問題につながります。平時の医療では「患者は最高の医療を受ける権利がある」ことを忘れてはいけません。

　事例の場合は、延命を目的として、「副作用のある麻薬の使用を制限したい」、「意識レベルの低下を少しでも防ぎたい」など、患者の人間としての尊厳を尊重した結果、選択されています。これは医療従事者の善行といえるでしょう。

　ただ、痛みを我慢する行為は日本では美徳とされることもありますが、外国人には通用しない場合があります。また、もっと有効な疼痛緩和の方法がないか、医療従事者は常に専門情報を収集したり、緩和ケアの専門家の意見を聞かねばなりません。必要な努力を怠り、「とりあえずビタミン剤でも」という指示は善行とは言えません。

　善行の原則の議論の結果は、「偽薬投与が患者にどのような利益をもたらしたか（当事者の利益）」をまとめておくことを勧めています。次の正義の原則での議論がスムーズにいくからです。

偽薬投与が患者と家族に与えた利益

・偽薬投与により痛みが軽減して患者は睡眠できた
・意識の清明さが保たれ、家族との会話も弾んだ
・疼痛緩和の副作用が最低限に抑えられた
・医療費も節約できた
・家族も医療者の気持ちを理解して協力してくれた

4) 正義原則による議論

　正義原則では「その医療行為が社会の同意を得るかどうか」を議論します。具体的には自律原則、無加害原則、正義原則による個々の議論が当事者の目ではなく、社会的に同意を得られるか吟味していきます。社会的に同意が得られるかどうかは、「公平性」とか「有効性」など色々な原則から議論しますが、今回の事例では、その行為が「正当な医療行為かどうか」がポイントになるでしょう。法的な問題に触れるかどうかはもちろん、患者や家族との医療契約の段階にさかのぼって医療者が「契約を果たしたか」の吟味が行われることがあります。一般的に重要なことは、「医療が開かれた場所で行われたかどうか、都合の悪いことを隠蔽していないか」は重要なポイントです。そのため、偽薬投与も「正式な医療行為」として医師の指示、経過記録がカルテにきちんと記録されていることが重要です。緩和ケアの専門家のコンサルテーションを受けた場合はカルテにその旨がきちんと書かれていることが重要です。治療法について、成書にも記載されている技術であるとか、「ガイドライン」の類いに沿っている場合は、社会的支持を得やすくなります。前例がない場面も珍しくなく、この場合は歴史的な医療原則や思想的背景、その国の政治方針や文化から判断せざるを得ないことがあります。例えば現代医療では必須になった倫理委員会でも、多くの委員会でその基本方針にヘルシンキ宣言の思想を掲げています。しかし、国が異なれば、政治・宗教・文化的背景の違いにより、その判断は微妙に異なることがあります。倫理判断とはそのようなものなのです。

　偽薬投与で国際的に議論された問題があります。次にその事例を検討してみましょう。

事例演習 12

2重盲検法に参加した患者への プラシーボ（偽薬）投与

がん末期患者。医学的に完治の見込みはない。本人および家族の希望で緩和ケア（疼痛ケア、根治を目的としない医学的ケア、スピリチュアルケア）を行っている。医師が新薬の2重盲検法について話をしたところ、「医学研究に役立つなら」と参加を希望した。家族も検査の内容と患者の気持ちを理解したうえ、同意している。2重盲検法の倫理的問題を議論しなさい。

2重盲検法について簡単に説明しておきます。「薬が効いたかどうか」の科学的判断はきわめて難しいものです。前回の事例のように、ビタミン剤が疼痛の緩和に効いているように見えることも珍しくありません。人間は心理的背景により疼痛知覚が変わるからです。でもこれは「薬効」ではありません。治療薬として製品化するためには「科学的に証明された薬効」が必要です。このために、製薬メーカーは薬を開発し、治療薬として国の承認を得るために、「治験」と呼ばれる臨床試験を臨床機関に依託して行います。第1相試験から第2相試験までは薬の生理学的な作用から投与量の確定など基礎的な研究を少数の被験者を対象に行います。第3相試験では実際に患者に投与して薬効を確認します。最も信頼できる薬効の証明は2重盲検法に因らねばなりません。医学的な背景が同じ患者を二つのグループに分けます。片方には開発中の新薬、片方には偽薬（プラシーボ）を投与します。ただ、患者も医師も「本物の薬かプラシーボ」かは知らされていません。研究管理者だけが「誰がどの薬を投与されているか」を知っています。効果の総合判定は公表されますが、投薬情報は最後まで秘匿されます。

事例における2重盲検法による研究への参加は、「現在の医療では効果が期待できない予後絶対不良」の患者が対象になっていますが、そうでない場合もあります。2重盲検法の研究を「予後絶対不良」の疾患に限定（倫理的な立場から限定すべきとの意見があります）すると、「通常疾患に対する新薬の開発が不可能」という製薬メーカーからのニーズと対立し、別の意見もあります。

これまで、多く議論されてきた倫理問題ですが、学生の「演習としては良いテーマ」ですので私もよく利用させてもらいました。

1) 自律原則による議論

一般的に「患者はその時点で最も優れた医療を受ける権利」があります。治療の見込みがないような疾患の場合、「新薬にかける期待」は誰にでもあります。ですが、2重盲検法は「完全な人体実験」なのです。投与されている薬が新薬か偽薬かは本人にはわかりません。偽薬だった場合、本人の期待を裏切ることになる可能性があります。「本物の薬か偽薬かは確率事象だからと割り切る」という患者もいるかもしれません。しかし、その行為は真の確率的事象であれば受け入れることもできますが、「人為的」な事象なのです。これが「人体実験」の姿なのです。「新薬開発が他人の幸福につながる期待」という「自己犠牲」がなければ参加することはできません。このことの倫理性を議論するのです。

自律原則はきわめて重要な原則で、適切な IC の取得（IC のチェック項目を後述します）が大切ですが、研究者の立場から「是非、研究に参加してもらいたい」という理由で「実験参加の対価」を支払ってはいけません。謝礼を支払ったり、入院料を免除するという取り引きは、「患者の自律的決断」を侵す行為とみなされます。

昔の大学病院では「学用患者」という制度があり、研究に同意した患者は治療費や入院費を免除する制度がありました。研究参加は患者の「自律性」を尊重すべきであり、費用免除はかえって自律性を損なうという意見で、現代では廃止されています。

特殊な例として、患者本人と家族の意見が食い違う場合があります。患者は研究に参加したいのに、家族が色々な理由から反対するというケースです。多くは患者への肉親の愛情が背景にありますが、稀には家族が研究協力の対価を要求することもあります。これはきっぱり断らなくてはなりません。予後の良い疾患の場合、患者本人の意思が重視されますが、予後の悪い疾患の場合、家族の気持ちを無視できない場合があります。

研究に参加するかどかは、患者や家族の自律的判断に任せなければならないので、どのような IC を行うかが重要な課題になります（**表1**）。

2) 無加害原則による議論

実験参加が患者を害するものであってはなりません。一番大きな問題は、「もし

表1　２重盲検法のインフォームドコンセントの内容

・新薬の開発の意義と２重盲検法の目的を患者・家族に理解させる
・偽薬（プラシーボ）が投与される可能性があること。投与される薬の情報は医療従事者もわからないこと。研究終了後も患者に情報が伝えられることはないこと
・研究への参加は自分の意志で決めること。気持ちが変わった時はいつでも研究参加が中止できること。研究の中止により被験者はいささかも不利益を被らないこと
・副作用が発現した場合はすぐに研究を中止すること
・予後不良な疾患の患者の場合、基本的医療は従来どおり実施されること
・費用の負担はないこと、また研究参加への対価もないこと
・すべての患者データは匿名化され、個人情報は完全に秘匿されること

偽薬を投与された場合」に今までの治療を中止したことにより症状の悪化があってはいけません。事例のように治療法がない場合はこの問題はクリアします。補助的な治療は２重盲検法でも継続されます。その他、「新薬の有効性の予測」と「副作用の予測」について製薬上の意見を確認しておきます。特に、予後絶対不良な疾患の場合には副作用の出現について慎重な観察が必要です。しかも患者や家族が安心できる看護・治療態勢を保証できなければなりません。また、予後がそれほど悪くない疾患の場合は、「現行の治療を中止」することもあり、そのための不利益について予測しておかねばなりません。特殊な例ですが、偽薬投与がバレたり、「自分の薬が偽薬だ」と信じ込んだために、患者や家族が落胆してそのために症状が悪化することもないとは言えません。臨床実験の管理体制の問題です。

3）善行原則による議論

　同じ病気で苦しむ人々の治療法の開発という医学の進歩をめざした実験行為ですが、主治医の目の前の「患者本人を救うため」の医療ではありません。患者が「犠牲的な行為」に「生き甲斐」を見出している場合もありますが、一概に「主治医／患者関係の中での善行」と言えない点がポイントです。

　２重盲検法の倫理分析の際によく問題となるテーマがあります。実験データはすべて管理者に伝えられます。管理者だけが誰に「本物の薬」と「偽薬」が投与されているかを知っているのですが、次のような場面ではどうしたらよいのでしょうか。

２重盲検法に参加した患者への プラシーボ（偽薬）投与 －計画変更は倫理的か

> 実験が進んでいくうちに、明らかに「本物の薬の有効性」がわかったとします。例えば偽薬を投与されている患者が次々と重症化していくのに、本物の薬を投与された患者がどんどん快方に向かっていることがわかりました。管理者はこのことを公表するべきなのでしょうか？

　もし事実を公表すると、その時点で２重盲検法の実験は中止しなくてはなりません。実験は薬の有効性を確認して新薬として承認させ、製造認可して「多数の同じ疾患の患者の利益」を追及するのが目的です。実験が中止されると新薬の開発が遅れ、結果的には「救える患者を救えなくなる」リスクもあります。

　結論から申し上げると、このような例が起こるのはきわめて特殊な条件に限られます。有効性がそれほどはっきり予測できる薬であれば、最初から第３相試験で２重盲検法を選択しなくてもよいのです。２重盲検法が選ばれる薬の多くは、厳密な結果分析からのみ有効と判断できるような薬なのです。もし、一部の限られた場面で本物の薬とプラシーボの効果の差がはっきり出たように見える場合は、偶然か、何か他の背景がないだろうかと疑ってみなくてはなりません。

　もちろん、実験全体であまりにはっきりと差が出ている場合は中央で管理している立場からは実験の中止も視野に入れて検討するべきでしょう。倫理的な議論の一つのモデルとも言えますが、「一部を犠牲にして多数の利益を追及できるか」、「一部を救うために多数を犠牲にできるか」という議論になります。この議論は正義原則で行います。

4）正義原則による議論

　正義原則は社会的な立場から個々の原則（自律、無加害、善行）をどう評価するかという議論が中心になります。すでに何度も解説したように、成文化された法律やガイドラインがあれば、一つの社会的見解と考えます。裁判例も参考になります。

　２重盲検法については、世界医師会東京大会（2004 年）でヘルシンキ宣言に偽薬

投与の原則が追加されました。偽薬投与を禁止するものではありませんが、偽薬投与による2次的な不利益の発生は認められないという、「患者は最良の治療を受ける権利を有する」という原則が確認されています。ヒポクラテスの「たとえ患者に請われても毒薬を処方しない」という誓いの延長上の考え方です。ヘルシンキ宣言に従うと、「他に有効な治療法がない」患者にしか2重盲検法による実験は適用できないという意見も出てきます。

　これに対して、わが国の厚生労働省では「臨床試験における対照群とそれに関連する諸問題」を議論し、アメリカの FDA の考え方に近い ICH-E10 ガイドラインの考え方を採用し、国内の製薬メーカーの臨床試験を指導しています。2重盲検法の長所を生かし、ある程度は「社会的利益」を優先する考え方です。事実かどうかはわかりませんが、会議の席上で「偽薬投与による不利益が絶対生じないような薬って、どんな薬だ？」という質問に対して委員が「例えば禿げの治療に使う養毛剤がそれにあたる」と答えたため、会議が紛糾したという話も聞いています。「効果がない偽薬投与でも深刻な不利益とはいえないし、もし結果的に効果のある新薬が開発されると、被験者もその利益を受けることができる」という限定された場面を想定しているのでしょう。個人の利益を優先するか、社会の利益を優先するかは、職業的な立場はもちろん、患者をめぐる人間関係、文化的背景、その他の社会状況により異なります。唯一絶対的な真理はないのだという共通理解が倫理判断に参加するメンバーには必要です。ただ、われわれ医療に関わる者は倫理委員会での議論がどちらかというと、「最大多数の最大利益」を追及しがちで、功利主義的な考え方が優先されがちなことも知っておくべきでしょう。

　このために、「薬効を証明するために、本当に2重盲験法という選択肢しかないのか」、「動物実験やこれまでの研究で薬効や副作用の研究が十分になされているか」、「当該新薬の開発が成功した場合の社会的な利益の大きさの予測」など、きちんと議論されねばなりません。

　また、善行原則の議論で取り上げた「もし研究途上で研究管理者が明らかな薬効を確信した場合の対応」についても正義原則で議論しておくのもよいでしょう。

　解説したように、そのような場面は起こりにくいのが普通ですし、実際に研究を中断した例は私は知りません。ただ、2重盲検法に参加するコーディネーターは、このような倫理的背景をきちんと勉強しておく必要があります。

事例演習 13 　宗教と輸血

宗教活動をしている60歳の末期がん患者（女性）の脾臓摘出手術を主治医は「輸血をしないこ」ことを約束のうえ引き受けたが、術中に思いがけない出血があり、主治医は手術を成功させるために輸血を行った。手術は成功して患者は5年以上の延命ができたが、輸血を受けたことにより患者は強い精神的（宗教的）苦痛を受け、裁判所に告訴した。主治医の行動を倫理分析しなさい。

　たまたま生命倫理学の講義期間中に、宗教的理由で輸血を拒否していた患者が手術中に輸血された事件が起こりました。具体的な状況については、当時は不明でしたので、学生が議論しやすいように、シナリオを作って演習に取り入れてみました（この判決はわが国の法理論の上からも重要な事例とされていて、Inet に最初の裁判から最高裁判決までの詳細な記録が掲載されています）。

　倫理分析と法的判断は必ずしも一致しないのですが、演習を始める前に10名ほどの学生に「裁判所は医師に有罪判決を下すと思うかどうか」挙手させてみました。8人は「無罪」、2人は「有罪」と予測し、意見が分かれました。

　実際の裁判では有罪か無罪が決まり、有罪の場合には「損害賠償」、「精神的慰謝料」など具体的な対応が決まります。これらは法律的な判断です。裁判でもし有罪となると、医療従事者の免許にも影響します。こちらのほうは各地の医師会に「医道審議会」という委員会が組織されていて、道徳的な立場から医療従事者の適性について審議されます。医道審議会の決定に基づいて国は免許の剥奪や停止などの処分を決めます。法律的な判断と倫理的な判断は別々に行われるのが決まりです。倫理分析は後者の道徳的な判断を求める過程での議論になります。原理原則主義に従って分析していきましょう。

1）自律原則による議論

　「輸血をしない」というのは患者本人の希望です。結果的には「輸血した」ので

すから患者の自律的な決断は守られなかったことは確かです。ただ一般的には「患者本人の希望」であることの確認方法が重視されます。患者の希望は「単に口頭による約束」だったのか、「その旨をカルテに記載している」のか、あるいは「誓約書」のようなものを医師が書いたのかも問題になります。この演習事例では「輸血はしません」と書いた書面を医師が患者に渡していたことにしています。その約束が医師個人の約束なのか、医療機関としての約束なのか、問題になることがあります。診断書の類いは医療機関としての公的な契約ですから、代表者（病院長）などの公印が必要です。また、手術では「手術契約書」が取り交わされます。事例における手術契約書に「輸血の取り扱い」がどのように記載されていたか、問題になります。事例では、約束は外来主治医のレベルの約束に留まり、手術契約書には輸血については一切の記載がありませんでした。医療契約という観点からは主治医の軽率な約束は治療の途中や後で問題になることがあります。

「患者が何らかの外圧なしに自分で決めた決断かどうか」はチェックしなくてはなりません。例えば家族やその他の圧力がなかったのかという問題があります。この患者は宗教団体の指導的立場の方でした。自分の意思も堅かったと思われます。しかし、気をつけないと「本当は助かりたいのだけど、社会的な立場があるから」という理由が背景にある場合もあります。このような決断が果たして「真の自律」といえるかなどの議論が出てくる場合があります。間違った情報が背景にある場合もあります。「輸血しなくても手術は成功する。医者は金儲けのために輸血を勧めるのだ」など明らかに間違った情報が決断の背景にある場合は修正しなくてはなりません。特に患者が「自分の意思を表明できない状況」の場合は慎重な対応が必要です。成人の場合は「自分の気持ちをきちんと表明した法的な文書（living will）」があるかどうか、または法的後見人をたてての意思表示か、などの確認が必要です。特に患者が子どもだったり、障害のために意思表明に問題がある場合は特に注意が必要です。相手が子どもでも、ある程度の会話が可能な場合は「直接の聴き取り」は省いてはなりません。

　この問題を議論すると、日本人の場合、次のような質問が出てくることがあります。患者が「輸血を受けると天国に行けない」と言っても、それは「科学的な事実」ではなく、「誤った情報」なのだから、「自律的決定」として擁護する必要はないのではないかという意見です。この議論は無加害原則でも出てきます。日本人が宗教

的な考え方に慣れていないことも原因ですが、もし宗教が国是となっているような国でしたら、このような議論は出てきません。この問題は日本では正義原則の項で議論します。その宗教が社会的にどの程度認められているかということで判断が異なります。なかには「ほとんど知られていない宗教」もたくさんあります。どのような宗教的な決断でも社会的に容認されるわけではありません。どのような宗教的な行動が「自律的決定」として尊重されるべきかは、正義原則でもう一度議論します。

2）無加害原則による議論

　「輸血」がどのような不利益を患者にもたらしたかという点を議論しますが、もちろん「もし輸血が行われなかった」場合に起こりえる結果と比較して検証することも大切です。この宗教では「輸血を受けると天国に行けない」と言われています。宗教に馴染みの少ない日本人の多くは理解しにくいテーマでしょう。具体的には患者はその宗教団体の中では指導的な立場でした。今回の手術で輸血を受けたことが知れ渡り、家族も含めて宗教団体の中で立場を失ったかもしれません。精神的な被害だけではなく、実質的な被害が発生したのかもしれません。日本国憲法では「宗教の自由」が認められています。ただ、どのような宗教でも、このような場面で保護されるべきかどうかは正義原則で議論します。新興宗教も含めると日本には数えきれないほどの宗教団体があります。なかには反社会的な宗教団体もありますし、一般の理解や同情を得ない宗教も少なくありません。しかし、問題となった宗教はすでに国内で熟知され、ある程度、市民権を得た宗教でした。

　無加害原則を「関係者の不利益」と考えることもできます。輸血を行われたことで被害を被るのは患者本人だけではありません。家族や仲間の宗教団体も精神的な苦痛を受けたと考えられます。医療従事者も「患者の希望に添えなかった」ことは後悔として残るでしょう。しかし、もし輸血を行わないで手術中に患者が死亡した場合は、医療が適正に行われたかどうかという大きな問題に発展します。患者家族にとっても肉親の死をどう乗り越えるかという問題に直面します。宗教的道理を全うしたという患者側の満足感は一般社会には受け入れが難しいものです。どちらに転んでもこの事例は「関係者の不利益」は避けられなかったということになります。

3）善行原則による議論

　医師が輸血を選択した行為は「患者の救命」という善行から行われたことは確か

でしょう。少なくとも「患者に精神的苦痛を与えることを目的に、約束を破って輸血した」のでないことは明らかです。ただ、一般的に「善行」かどうかも多数派の見解に過ぎません。もし主治医が患者と同じ宗教を信じていた場合は、宗教的な罪を犯さないような選択行為を、その宗教を信じていない多数派の考える「善行」に優先させるでしょう。医療現場における倫理分析の技術も功利主義的な「最大多数の考え方に合致するよう構築されている」と指摘されると、その通りだと言わざるを得ません。そこには「生物学的な命の尊重」を絶対要件と考える現代医療の思想があるからなのです。正義原則で議論することですが、医療現場で利用されるガイドラインの多くは最大多数の利益をめざすという功利主義的な思想が背景にあります。ですから、「盲目的にガイドラインに従う」のは倫理的態度とは言えないのです。なんだか「イタチの追いかけっこ」のような議論になりますが、その過程で「深く考える」ことが一人ひとりの医療従事者に求められるのだというのが私の講義の目的なのです。

　倫理原則では２重結果原則といって「悪いことを前提に善いことをめざす」のは倫理的ではないと判断されます。例えば「安楽死をめざす」ために「毒薬」を用いるのは間違っています。これはヒポクラテスの「たとえ、患者に請われても毒薬を処方しない」という原則に由来する考え方です。ここで、「輸血が悪いこと」なのかという議論が生まれます。現代医療の方法論では輸血は悪いことではありません。ただ、患者にとっては宗教的な理由から輸血をして欲しくなかったことは事実です。主治医にとっては「救える命を見捨てても患者の宗教的正義感を守ってあげる」ことが医師としての「職業的義務（善行）を果たす行為」とは到底思えなかったとの言い訳も成り立ちます。

　この議論も正義原則で行われます。

4）正義原則による議論

　正義原則は社会的立場からの判断です。宗教国家であれば、宗教に反する行為は社会的共感を得られないだけでなく、重い罪になることもあります。倫理規範は所属する社会によって変わります。あくまで所属する社会でのローカルな規範なのです。ですから、わが国でこの宗教がどの程度、社会的に認められているかが問題となります。事例の宗教は歴史も長く、ある程度社会的にも認められていると考えられました。少なくとも医療従事者は「宗教と輸血」という観点で教育を受けている

はずなのです。

　このような背景がありますので、まず利用できるガイドラインや過去の裁判例で参考になるものがあるかどうかを調べます。ガイドラインは職能団体が制作することが多く、必ずしも社会的な意見を代表しているとは限りませんが、個人的見解とは立場が違いますので参考になります。この演習を行った時には残念ながら利用できるガイドラインは発表されていませんでした。

　まず自律原則で指摘したとおり、「患者が輸血を望まなかった」ことは事実です。患者の利益を最優先に考える現代医療思想の立場からも「自律原則が守られなかった」ことは大きな問題と考えられます。ただ、医療契約の考え方からは「契約を結ぶかどうかは患者と医師の双方の合意」なので、安易に手術を引き受けた主治医の責任は重いと言わざるを得ません。また、病院におけるすべての医療行為は施設責任が問われます（手術もチームで行う）ので、紙切れ一枚で「輸血をしない」と誓約書を書いた主治医は軽率だったと言わざるを得ません。

　しかし、「宗教的な理由で輸血をして欲しくない」という希望が、わが国で「絶対に守らねばならない個人の権利」として認められているかどうかという問題は残ります。

　医療現場における倫理分析は「早急にとりあえずの結論を出す」ことが求められますので、これ以上は深入りする必要はないと思われますが、倫理学の立場からは「宗教問題」は歴史的に議論され続けた課題なのです。本書では倫理は社会生活を円滑に行うためのルールと定義しましたが、少数の人々が「違ったルール」をもっていて、多数派の人と利害が対立した時にどう対応すべきかという問題です。そのために倫理分析という方法があるのではないかという指摘は正しいのですが、どこかで折り合いをつけねば、議論は永遠に続くでしょう。

　「個人の自由」を尊重する立場から日本国憲法では宗教の自由を認めています。しかし、「最大多数の最大幸福」をめざす功利主義的な立場からは「少数の、しかも大多数の人には迷惑としか思えない宗教を認める必要はないのでは」という考え方も必ず生まれてきます。ベンサムやミルなど功利主義的な思想家の時代から議論され続けてきた難題です。ただ、生命倫理学は第2次世界大戦の悲惨な歴史的経験から生まれた学問で、人間性の尊重が基盤にありますので、自律原則にウエイトが

かかっていると理解して下さい。人間活動の現場ともいえる政治や経済の世界では功利主義的思想はいまだに強い説得力をもっています。私は経済原理を医療現場に持ち込むことは、多くの場合、生命倫理学的な問題を生じる可能性があると考えています。

　前述したとおり、この宗教については「ある程度は社会に受け入れられている」と考えるべきでしょう。ただ、もし主治医が「いかなる場合も、輸血をしないで手術をして欲しいという依頼は受けられない」と言って、契約を結ばなかったとしても、特に緊急事態でないかぎり「職業倫理」に反したとは言えないという判断もありえます。その気になって探せば、当該宗教の手術を引き受ける病院は他にも見つかったはずなのです。

　無加害原則における「意思に反して輸血されたことによる宗教的な苦痛」が、わが国で社会的共感を得るかどうかも正義原則で議論します。わが国のように宗教的な倫理観が弱い国では議論が難しいことは事実でしょう。「宗教的な苦痛」の対極に「おかげで命が助かった」という事実があることが判断の多様性を生みます。

　一方、主治医が「患者の救命を優先するために輸血を行った」行為は医師の職業倫理の上からは当然との意見もあります。医師の職業倫理の基となっているヒポクラテスの誓いでは「悪くて有害と知る方法を決してとらない、頼まれても死に導くような薬を与えない」と書いてありますし、ジュネーブ宣言（1948年第2回世界医師会総会、2006年デュボンヌ・レ・バンにおける第173回理事会修正）では、「私は、信条、政治、‥（略）、その他いかなる要因であっても、私の職務と私の患者との間に干渉を許さない」と誓いを述べています。

　今回の事例とは正反対に、もし「輸血をしてでも命を助けて欲しい」という患者の治療にあたって、外部から「輸血をしないように」という「宗教的圧力」が加わったとします。このような場面で医師がジュネーブ宣言に従って「干渉を拒否」するのは当然で、少なくとも日本では多くの社会的同意を得ると思います。しかし今回、「輸血をして欲しくない」は患者の最初からの意思であったことは事実です。手術中の突発的な場面で、患者の意思が確認できない状況下での「決断方法」について準備が足りなかったのではという指摘は免れないでしょう。倫理判断（当事者の行為の正当性）と法的判断（事後の被害者の補償にもつながる）は必ずしも同じではないということも意識して議論すべきだと思います。

5）統合作業

　議論を行った後に「とりあえずの結論」をまとめましょう。特に医療現場における倫理分析は「次の行為」の方向性を決める重要な作業です。しかし、ゆっくりと議論する時間はないのが普通です。場合によっては患者の治療を中断して待たせておいた状況下で急いで議論する場合もあります。これが医療現場での倫理分析の特徴です。

　教室で 1）自律原則から 4）正義原則の議論を学生たちに 2 時間ほど行わせた後で、「裁判で起訴された医師が有罪になると思うかどうか」をもう一度質問してみました。こんどは逆転して 10 人のうち 8 人が「有罪と思う」に挙手しました。ただ、「倫理的な罪を犯したと思うか」については 1 人も挙手がありませんでした。

　統合作業については 1 週間ほどの時間を置いて、グループごとにレポートを提出させました。一つを選んで紹介しますのでご覧下さい。

> ### 学生が作成したレポート例
>
> 　当該宗教の方針はわが国においても周知されていると考えられる。患者に精神的な苦痛を味わせた主治医の責任は「患者中心の医療」の立場からも軽くないと考えられる。「輸血しない」ことを患者と約束して手術に望んだ主治医の行為はその根拠が明確ではない。手術に突発事故はつきものであり、その可能性も予測できたはずなので輸血の可能性について IC を取得しておくべきだった。医療契約を結ぶかどうかは、医師・患者双方の合意によるもので、安易に契約を結んだ主治医の責任は軽くない。しかし、主治医は手術中の本人に「確認ができない状態」で「患者の救命」を「患者との術前の約束」に優先させたのであり、「患者を害する目的」で約束を破ったのではないと思われる。主治医の行為は患者への「善意」が背景にあったとの見方もできる。「どんな場合でも輸血しない」という医療行為は現代医療の方法論から外れるとの見方もあり、もし「輸血しなかった」場合には主治医が「無作為の罪（助けられるのに救命しなかった）」や倫理的責任を問われる可能性がある。
>
> 　契約の如何にかかわらず、救命を優先して輸血を行った主治医の行為はその判断が医学的エビデンスに基づいているかぎり、医師という職業倫理（ジュネーブ宣言）上当然との考え方もあろう。救命が目的で、輸血により患者を害することが第 1 目的であったとは考えられないことも倫理的に配慮すべきであるとの見方もできよう。

　演習課題を与えた1週間後に大学院生のグループ（遺伝カウンセラーの養成課程）が提出したレポートの「統合例」です。よくできていると思います。評価できる点は、「私はこう思う」ではなく、根拠（例えば「患者中心の医療」とか、「ジュネーブ宣言」など）に基づいて見解を述べている点です。原則ごとの問題点を指摘しながらまとめる方法もありますが、実際の倫理委員会などではこのように総括することが多いと思います。

　さて、この演習講義を行ってから、1年以上が経過してから裁判所の見解を知ることができました。実際の裁判事例と演習事例とでは、背景に異なる点がいくつかありました。訴えられた主治医は「患者の意思は尊重するが、手術の経過中に必要と判断された場合は『患者や家族の意思にかかわらず』救命を優先する」という院内の「申し合せ事項」が存在したため、「輸血をしない」という約束（契約）には従わなかったそうです。ただ、事前に「他の方法で輸血せず手術できると思う」と患者の不安を打ち消すような説明をしたようです。実際の手術は血管腫の摘出が目的で、大量出血の危険性が予測される手術でした。下級裁判所では「救命を優先」したという医師の行為が評価され無罪になったのですが、最高裁ではインフォームドコンセントの重要性が指摘され精神的慰謝料を支払うよう命じられました。

　このように、医師が患者の自律的な決断に反したことはきわめて重い法的違反行為と判断されます。ただ、その後の医道審議会*では、裁判所の有罪判決にもかかわらず、今回の事例については「道徳的に不問」との決定が行われました。

　法律の判断と倫理判断は必ずしも一致しないという例です。演習を行った学生たちの判断もほぼ同じ結果を予測していました。法律の素人である医療系学生が、「とりあえずの決断」をまとめることができたこと、これが倫理分析の学習成果だと思います。
　では、今回の事例で医師はどうすればよかったかの話になります。手術はチームで行いますので、患者と主治医の契約がチーム全員に徹底されていない限り、突発

---

*各地の医師会が厚生労働省の依託を受けて組織している審議会で、厚生労働省（厚生労働大臣）は審議会の結果を受けて医師免許の剥奪、免許停止など免許の許・認可に関わる決定を行います。医道審議会には看護部会やその他の医療職の分科会も組織されていて同様に審議されます。

事故への対応に混乱が生じるでしょう。患者の救命を優先するのは現代医療では当然だからです。場合によっては「救命できるのにそのための努力を怠った」と告訴される可能性もあります。一番大きな問題は患者と医療契約を結ぶ際の IC の取得が不適切だったことが指摘されるでしょう。この医師にとっては医療契約を結ばないという選択肢もあったはずです。この事件後に「特定の宗教に関わる手術時の対応」についてはマニュアルが作成され、現在では概ねマニュアルどおりに対応されているようです。また病院の方針として、このような手術を引き受けることを公言して医療活動を行っている施設もあります。「患者の権利」がきわめて重視されるというのが現代医療の特徴だと考えておくべきです。

知りたくない権利
－均衡型転座保因者の例

障害をもった子どもが染色体異常であることが判明した。両親の染色体検査を行ったところ、母親が転座保因者であることがわかった。母親にはすでに家庭をもっている姉がいる。主治医は母親に姉の検査の必要性を話し、主治医自ら姉に電話で連絡をした。主治医の行為を倫理分析しなさい。

　染色体検査が普及してもう 40 年以上になりますが、普及が始まった当初から事例の問題は議論されていて、現在では一つのルールができています。ところが、ゲノム医学の発展を迎えて、ビッグデータの遺伝情報が得られるようになった現在、本質的には同じテーマですが、現在でも「議論」が続いています。遺伝子情報は究極の個人情報なのですが、2 倍体生物である人間のゲノム情報は半分ずつ両親と共有しているのです。同胞も半分を共有しています。個人情報保護法で保護するとなると、血縁情報をどう扱うか、難しい問題になります。現在の日本では遺伝子情報はまだ個人情報保護法の対象にはなっていません。とりあえず、40 年も昔から議論されてきた問題を分析してみましょう。

1）自律原則による議論

　もし、母親が「今回のことは秘密にしておきたい」と姉への情報開示を拒んだとすると、主治医の行為は自律原則に反します。もし、母親が開示を承諾した場合でも、主治医が母親の姉に電話で連絡するというのは適当ではありません。

　この場合、利益・不利益の当事者となる「姉」を中心に考えねばなりません。姉は妹が染色体検査を受けたことを知らないかもしれませんし、もし妹と同じ転座が自分に見つかった場合に、どのような利益・不利益を受けるか、理解していないのが普通です。結果的に自分に転座があった場合、そのために障害児を出産するかもしれないのです。このことは夫婦関係にも大きな影響を与えます。昔はこのようなことが原因で妻が離縁されたり、色々な不利益を受ける可能性がありました。

　姉は「自分が検査を受けるかどうか」は自分で選択して決めなければなりません。これが自律原則です。ところが、姉は「自分の利益・不利益に関わるかもしれない情報の存在」をまだ知りません。この段階で、妹の主治医が「電話」で初対面の姉にその情報を一方的に告げることは、倫理的に「自律原則の上からの違反行為」と見なされても仕方ありません。また、法的な医療契約の観点からも「未契約の医療行為」と見なされる可能性があります。自律原則は「情報を聞いたうえで、いくつかの行為を選択する」時に、自己決定を保護する原則です。今回の場合は「内容そのもの」が姉の不利益につながるかもしれないため、このような場合、「知らない権利」を設定して対応しています。自律原則の延長上にあるということから、「知らない権利」も自律原則で議論されます。

　しかし、「知らない権利」が当事者の利益に結びつくかどうかは、「情報内容を知ってから」でないと判断できないという「矛盾」があります。当事者の利益を中心に考えると「知らない権利」を事前に設定することは無理があるのです。結果的に、当事者が一方的に知らされて「不利益を被った」場合に「知らない権利が侵害された」と主張されがちなのです。

　善行の原則でも議論されますが、最近ではヨーロッパを中心に、予期していなかった事実 IF（incidental findings）が検査の過程で副次的に見つかった場合、「知らない権利」は当事者が「自律的な選択を行うチャンスを逃す」ことも比較して配慮されるべきではないかという意見が出ています。「知りたくない権利」と「利益・不利益に関わる可能性がある情報を知りたくない権利」は異なるのではないかという考えです。このことから、事例の場合に姉が「まだ検査を行っておらず、自分が転座保因者かどうかわからない」段階で「選択の権利」を失わないようにという配慮から「そのような検査がある」ことを知らせるのは自律原則に反していないのではないかという意見も出てきます。

2）無加害原則による議論

　医師の連絡が、加害行為にあたるかどうかの議論です。姉をとりまく環境（夫婦関係など社会的背景）をよく知らないで、すなわち「不利益が生じる可能性を検証せずに」狭い意味での「医学的理由」や「一方的な善意の思い込み」で情報を提供することは無加害原則にも反します。また医療の立場からも、IC の取得どころか、正式な医療契約を結ばないで医療行為（情報提供）を行うことになります。

3）善行原則による議論

　歴史的には、アメリカで「重篤な遺伝性の疾患」が診断され、患者本人は秘密にしておきたかったにもかかわらず、その兄妹に同じ遺伝子をもつ可能性を医師が勝手に連絡したということで裁判が起きました。最初の裁判例では「患者は自分の秘密を隠したかったかもしれない」が、早期治療により「兄妹の命を救いたいという医師の善意」が背景にあったということで、医師は無罪になりました。この時は「命を左右するような重篤な遺伝情報の場合は、患者本人の了解を得なくても、その親族に伝えてもよい」のではないかという思想が背景にありました。しかし、その後に起こった同様の裁判では、「患者の了解」という「自律原則の重視」が絶対的に必要との判決が続きました。現在では「知らない権利」も加わり、たとえ「命を左右するような重篤な情報」でもこのような医師の独断的な行動は「善行」とは言えないという考えが主流です。

4）正義原則による議論

　善行原則の判断や過去の裁判例にはかかわらず、「命を左右するような重要な情報」について医師が親族に知らせるのは「社会正義の立場」から許されるのではないか、という根強い意見もあります。選好功利主義では「折り合いがつく」条件を探します。医療契約を結んでいない者に医師が医療情報を提供することは好ましくないので、この場合は「検査を受けた母親に姉への情報提供を委託」するという方法が一般的です。しかし、もし母親が「拒否」した場合にどうするかという問題があります。遺伝的な検査情報は母親の個人情報ですが、実は姉も半分の遺伝情報を共有しているのです。しかし、「家族の問題」として医師が対応する範囲を拡げることは、患者の利益を守るという医師・患者関係からも許されないでしょう。もし裁判にでもなれば、医師は責任を問われる可能性があります。このように、事例には遺伝情報の特性が背景にあります。もし事前に関係する血縁の了解をすべて取得しなければ検査ができないとなると、遺伝子診断という医療技術は実用化できません。わが国ではまだ遺伝情報が個人情報と明確には規定されていない背景です。

　事例の議論に戻りましょう。姉の「命に関わる重要な問題」だったとしても、このような背景があることが理解されたと思います。しかし、事例の転座保因者の問題は、姉の命には直接は関わりません。姉夫婦にとっては情報を知ったうえで適切な対応をすることにより「夫婦や家族の利益」に結びつく可能性があります。その

ための「選択のチャンス」を与える行為は「善行」といえるのではないかという意見はあるでしょう。しかし、その場合に「情報提供」が姉の「知らない権利」を侵すのかという議論が生まれます。大きなポイントは母親が「知らせたくない」意思を表明していた場合、その「理由の分析と評価」が議論の方向性を決めるということになるでしょう。母親の了承は必須条件なので、この場合は「説得」ではなく「カウンセリング」という方法で母親に対応するべきという判断になるでしょう。その後、母親から姉に事情を説明してもらい、姉の承諾を得て、母親の主治医や遺伝カウンセラーが対応することは問題ないと考えられます。

事例演習

1
2
3
4
5
6
7
8
9
10
11
12
13
14
15
16

発症前診断をめぐって
－神経難病の例

ジェフは 30 歳代の男性。最近亡くなった母親は叔父（母親の弟）と同じ早期発症型アルツハイマー病であったことが、遺伝子検査の結果、判明した。ジェフは小さい頃から叔父に可愛がられ、いまでも入院中の叔父を見舞っているが、叔父はジェフのことがわからない状態である。ジェフは亡き母親の主治医から、「この病気は常染色体優性遺伝病なので君が病気の遺伝子を保有している確率は 50％である。遺伝子検査で簡単にわかるが、もし病気の遺伝子を保有していると発病は免れない」と語った。ジェフは 1 年近く迷ったあげく、遺伝子検査を受ける決心をした。事例の発症前診断について倫理分析を行いなさい。

事例は 2000 年 4 月に NHK で放映されたドキュメントをもとに作成した演習課題です（一部、記憶が定かではないので多少の脚色をお許しいただきます）。

ハンチントン病（HD）に続いて脊髄小脳変性（SCA）、早期発症型アルツハイマー症、副腎白質ジストロフィー（ALD）、一部のミトコンドリア性神経疾患など、遺伝性神経難病と呼ばれる疾患群の遺伝子診断が可能になり、確定診断は容易になりました。しかし、治療や病気の進行を遅らせる手段がないため、診断の告知や医学管理をめぐって慎重な対応が議論されています。

家族の発症から血縁者が「自分も同じ病気の遺伝子をもっていないか」心配するのは当然です。従来の遺伝カウンセリングでは、人類遺伝学の理論から発症する確率を伝えていました。遺伝子診断が可能になり、確率ではなく、Yes/No で診断ができるようになりました。このため、未発症の血縁者が遺伝子診断を希望する場合があります。発症前遺伝子診断と呼ばれますが、わが国では神経難病について「遺伝子診断は原則として発症後の確定診断に限る」という神経疾患関連学会のガイドラインに従っている機関が多いと思います。その理由は診断確定後の患者の医療・心理・社会支援体制が十分に整備されていないことによります。歴史的には母親にハンチントン病という神経難病が発症していたナンシー・ウェクスラー女史（1945

～）が研究指揮してハンチントン病の遺伝子診断（連鎖解析法）の道を開き（1983年）、10年後には遺伝子そのものを診断することができるようになりました。しかし、彼女自身は遺伝子を保有している確率が高い（at risk と呼びます）にもかかわらず、発症前遺伝子診断は行いませんでした。

　近年では検査の適応基準を作成し、希望者に対しては心理専門職が一定期間に複数回の心理面接を行い、そのうえで診断を行うかどうか判断するなど、慎重に対応している専門機関もあります。

　事例の早期発症型アルツハイマー病もハンチントン病と同様に病気の遺伝子を保有していた場合、30 ～ 50 歳で発症し、進行性の予後が悪い神経難病です。もし遺伝子の異常が確認された場合、絶望のあまり自殺をはかる例も珍しくありません。異常がないとわかっても、「サイバーズギルト」といわれる「同胞や家族に申し訳ない」という罪悪感が強く出現することもあります。私は、検査で異常がないとわかり「大喜び」したクライエントが 3 ヵ月後に再びカウンセリングに訪れ、「検査結果を聞いて良かった、これで人生が変わると思ったが、最近、周囲は何も変わっていないことがわかった。病気の心配をしていた時のほうが自分らしかったと思うようになった。仕事にも身が入らなくなった」と訴えたことがあります。うつ症状と診断し、精神科医と協力して対応しました。「がん」のように早期発見や早期治療に結びつく可能性がある疾患の発症前遺伝子診断と違うところです。

1）自律原則による議論

　ジェフは検査を半年も迷ったあげく、自分の意思で検査を決定しています。母親や叔父の看病から「疾患についての知識」は十分だったと考えられます。ただ、「結果が判明した」後の自分に起こるかもしれない「新しい事態」や心理的変化について本当に「よく理解しているか」が不明です。アメリカでは遺伝カウンセリングが発達していますので、おそらくカウンセリングを受けたのだろうと思います。わが国でも発症前遺伝子診断が考慮される場合には、状況をよく理解した心理専門職や遺伝カウンセラーが少なくとも何ヵ月かは相手になって「好ましい自律的決断」に導く必要があると考えるでしょう。

2）無加害原則による議論

　確定診断が下った後の本人の不利益に関する予測が必要です。早期診断による早

期治療といった医療効果が期待できない疾患については、「悪い結果」は本人にとって絶望的な状況を作り出す可能性が高いのです。また、「良い結果」でも本人に心理的影響を与えることがあります。

　もう一つ、遺伝子診断には大きな問題があります。遺伝情報がもつ宿命的な課題なのですが、「自分の遺伝子」は「血縁で共有」しているのです。予後の悪い病気の「遺伝子診断は原則として『発症後の診断確定』に限る」という学会ガイドラインについて説明しましたが、発症後でも、もし問題の病的遺伝子が確認されますと、親子や同胞は 1/2、その他の肉親も血縁の濃さにしたがって同じ遺伝子を共有していることになります。一人の遺伝子診断が多くの親族に深刻な不安を発生させることも珍しくありません。遺伝情報は「個人情報」ですが、個人だけの情報ではないのです。現時点では、わが国の厚生労働省では遺伝子情報を個人情報とは規定していませんが、もし規定すると、個人の意思だけで遺伝子診断を行ってもよいのかという難しい議論になります。他の血縁者の「知らない権利」をどう守るべきなのか、秘密にして血縁者の「選択の機会を失う」ことは倫理的に問題はないのかなど、新しい議論が生まれています。個人の全遺伝子（ホールゲノム）が簡単にわかる時代になり、このビッグデータを個人情報して扱うべきなのか、大きな議論となっています。私は生命論の立場からゲノム情報は人類の共有情報と考えるべきだと思っています。

3）善行原則による議論

　検査により正常と診断されると、ジェフの発病の可能性はなくなります。検査はジェフを不安の毎日から救うための善行だと言えるでしょうか。病的遺伝子が見つかる確率は 50％に近い（遺伝学的には年齢により確率は変わります）ので、それはあまりにも安易な判断というべきでしょう。もし検査で異常となった場合、本人が乗り越えられるという見込みがない状態での検査は善行とは見なされないでしょう。その「見込み」を確認するためにトレーニングされた専門職による検査前遺伝カウンセリングや心理面接が有効です。判断はきわめて難しく、責任を伴いますが、少しでもリスクが感じられた場合は安易な検査を控えなくてはなりません。

　私もハンチントン病や ALD の発症前遺伝カウンセリングを多く経験してきましたが、病的遺伝子の保有が確率的に予測される事例の中には、カウンセリングの段

階で「クライエントには疾患の前兆（アウラ）がみられる」と確信できる例が少なからずありました。ハンチントン病を診断された夫に、発症の数年前から「人格の変貌」が出現し、このために妻が大変な苦労をした事例もありました。このような場合は、神経内科や精神科の専門医を紹介し、発症前遺伝子診断ではなく「診断確定のための遺伝子診断」を考慮することになります。検査前遺伝カウンセリングに従事する遺伝カウンセラーは専門的な知識が必要とされます。仮に両親が強く希望しても、未成年の発症前遺伝子診断の依頼は決して同意してはなりませんが、発症年齢にまだ届かない若い方のカウンセリングは特に慎重に行わなくてはなりません。

4）正義原則による議論

　個々の原則で解説を加えましたが、わが国における発症前遺伝子診断の現状については、遺伝関連学会による「遺伝学的検査に関するガイドライン」や日本医学会の「医療における遺伝学的検査・診断に関するガイドライン」がインターネット情報で入手できます。その他、倫理委員会情報など最新の情報を参考にします。

　ジェフの場合、検査前カウンセリングや診断告知後のカウンセリングがどのように行われたのかがわかりませんが、診断確定後に定期的に遺伝カウンセラーのカウンセリングを受けていたことを考えると、体制の整ったアメリカの事情が想像できます。日米の文化の違いについて触れますが、現代日本でも核家族化が進み、血縁が参加する行事（冠婚葬祭など）は簡素化されてきました。しかし、昔ほどではないとしても、日本は伝統的に血縁文化が背景にありますので、血縁の「遺伝的背景」は隠される傾向があります。戦後に優生思想が長く残ったこともあり、その傾向は強いと考えられます。一方、現代アメリカは公民権運動の歴史が示すように個人の権利は強く保護される傾向にあります。ジェフの「検査を受けたい」という希望はアメリカでは日本以上に社会的な支持を得るのではないでしょうか。

　さて、NHK のドキュメントの後半を紹介します。

　検査の結果、恐れていた遺伝子変異が確認された。叔父も母親も 40 歳前半で発病したので、「自分が正常でいられるのはあと 10 年」と考え、苦しみ悩んだあげく、医師の勧めでカウンセリングに通うことにした。遺伝カウンセラー

は週1度、3ヵ月にわたって「あなたは勇気ある人間、これまでどおりに困難を乗りきっていける」と自己確立をめざしたカウンセリングを行い、ジェフは少しずつ落ち着いてきた。1年後、ジェフはある女性と出会い、結婚した。

「先のことは考えない、いまの幸せを大切に毎日毎日を過ごす」と明るく語るジェフの姿で、放送は終了した。

登場人物はすべて実在の人物とのことでした。この放映を見て、さすが遺伝医療やカウンセリングなどの社会対応が進んだアメリカだと私は感動しました。

しかし、その後、関係者から放映が終わった半年後に「ジェフが自殺した」ことを聞いたのです。どう考えるか、難しい問題です。この事例だけですべてを判断してはいけません。学生に自由に議論させることに意義があると思います。

受精卵のゲノム編集により胎児を出産

事例演習 16

> エイズに罹患しないよう受精卵をゲノム編集して、双子の赤ちゃんを出産することに成功した（2018年11月27日の海外ニュース）。倫理分析を行いなさい。

　さて、内容は朝6時のニュースです。近隣のある国の大学の研究者がSNSに自主報道したものと解説がありました。具体的な論文内容もわかりませんし、真実性についても不明な点が多いのですが、今回の事例は完成された技術の組み合わせなので、近未来的に医療現場にも登場すると考えられます。

　今回の事例は、研究者が確信犯として規制を犯して臨床応用実験（人体実験）を行ったように見えますが、情報がない現時点では背景がわかりません。近未来にわが国でも臨床現場に登場する可能性がある話として、皆さんの倫理分析の練習としてはとてもよい材料ですので、解説しておきます。

　まず、ゲノム編集技術について簡単に理解しておきましょう。遺伝子の概念がなかった大昔から「人為的な交配」という方法で観賞用植物や食物の品種改良が行われていました。遺伝学は品種改良の理論として生まれたという背景があります。遺伝子の概念が確立し、DNAの構造が決定されたのは1954年ですが、すぐにDNAを切ったりつないだりする技術に研究者は没頭しました（最初は必ずしも遺伝子操作をめざしたのではなく、遺伝子の機能の研究が目的でした）。このような遺伝子の操作は、放射線やウイルスを利用して偶発的な変異を誘導するものでしたが、1980年頃にはすでに遺伝子組換え食品が誕生しています。愛煙家だった私としては、わが国における最初の遺伝子組換え作物は1986年のタバコ新品種の登場だったことを付記しておきます。この当時は「遺伝子組換え」または「遺伝子操作」という言葉が一般的でした。農業分野では遺伝子組換え技術は商業主義に後押しされて急速に発達しました。「除草剤に強い」新品種を除草剤とセットにして農家に売り込む育種商法の出現や人体への健康被害などが問題となり、倫理的な批判が生まれながらも現代に至っています（増大した人口を支えるためには必要悪とい

う「善行論」も唱えられ、倫理学習の一つのテーマなのですが、今回は先へ進みましょう）。さて、医学分野での臨床応用としては歴史的には 1990 年に ADA 欠損症という生まれつきの免疫不全をもった子どものリンパ球（T 細胞）に正常遺伝子をレトロウイルスを利用して導入した成功例が最初です。このように人間の体細胞に「遺伝子導入」する技術は遺伝病だけでなくがん治療にも応用されるようになりました。導入に利用するベクター（運び屋）としてはレトロウイルスやアデノウイルス、ヘルペスウイルスなどウイルスが利用され、思ったところに目的の遺伝子が導入されるかどうかは確率的なものでした。2016 年になると、本来、細菌がもっているウイルス感染防御システム（特殊な RNA がウイルス遺伝子を認識して細菌の Cas9 遺伝子がウイルス遺伝子を切断）の実態が明らかになり、この機能を利用した技術（CRISPR/Cas9 法）が「任意の DNA 部位への操作」を可能にしました。この技術が「ゲノム編集」と呼ばれ、遺伝子操作の技術を大きく進歩させたのです。

　今回の問題は、この「ゲノム編集」技術が「体細胞」ではなく、「受精卵」の遺伝子操作に利用されたことにあります。

　次に対象となった疾患の発病の機構も知っておきましょう。エイズは 1981 年に最初の患者がアメリカで発見されたウイルス感染症ですが、感染から発症機構の特異性と治療の難しさから世界を震撼させました。治療技術の発達や予防対策のおかげで急速な感染拡大は抑えられましたが、現在なお一定の患者が発生しています。AIDS ウイルスはヒトの免疫担当細胞の一つである CD4 というリンパ球やマクロファージの膜に取りついて感染が成立します。この時、ウイルスが細胞に取りつくためには細胞膜にレセプターがなくてはなりません。人間はレセプタータンパクを作る遺伝子をもっているため、われわれは AIDS に感染するのですが、なかには遺伝子が変異（CCR5 遺伝子内の 32 塩基対の欠損）していてレセプターができない方もいます。このような方は AIDS ウイルスに曝露されても感染はしません。今回の事例は論文が発表されていないので、ゲノム編集の内容は正確にはわかりませんが、まず体外授精によりヒトの受精卵を作製します。次に、発生初期の段階で受精卵の 2 アレル分の関連遺伝子をあらかじめ準備しておいた変異遺伝子に入れ替えたのか、あるいは関連遺伝子を働かないようにしたのではないかと思われます。双子になったのは、複数の操作した受精卵を子宮に戻したためなのか、1 個の受精卵が由来なのかはわかりません。

　さて、ニュースでは識者のコメントとして、「安全性が確認されていない技術な

ので倫理的な問題が生じる」と報道していましたが、実はこの事例は「安全性の問題」だけではなく、大きな倫理的課題を抱えています。ここでは倫理分析の流れに沿ってもう少し深く倫理分析しましょう。

1）自律原則による議論

どのような医療行為でも、まず患者（ここでは検査を受けた夫婦）の決断が自律原則に沿っていたかどうかをチェックしなくてはなりません。夫婦は「なぜ、AIDS に感染しない子どもの出産を希望」したのでしょうか。情報が全くないので、想像をたくましくして考えてみましょう。

まず医学的に考えられることは、母体が AIDS 感染をしていることが判明していて、胎児への母子感染を防ぎたいという理由です。しかし、この親の自律的な希望を医療従事者が受け入れてゲノム編集を行ったとは考えられません。なぜなら、AIDS ウイルスの母子感染のリスクは近年の抗 HIV ウイルス免疫療法の発達により 1%以下に抑えられるようになってきています。安全性の比較からもゲノム編集が選択される可能性は低いと思います。もちろんのことですが、どのような対価を払ってでも AIDS に感染しない子どもが欲しいという親の希望は、AIDS が制御されつつある現代の状況下では一般社会に受け入れられることはないでしょう。
（付記：後日の報道では父親が AIDS に感染していたとのことでした。母親と違って、父親から子どもに感染する可能性は低いので、ゲノム編集を行う必要性は遠のきます。）

もう一つは、医学の進歩のために自己犠牲的な選択です。医学では、自己犠牲的な人体実験の歴史は少なくありません。海外ではジェンナーが息子に種痘実験を行った例とか、わが国では華岡青洲の妻に対する麻酔実験が有名です。正義原則における議論になりますが、このような医療従事者自身の自律的決断はその目的と結果によっては社会的な賛同を得る場合もあります。もしも、ニュースで報道された赤ちゃんが研究者自身の子どもであれば、その判断は評価が分かれるかもしれません。ただ、生まれてくる子どもの自律性はどうなるのか、親としてもあまりに無責任との批判は免れないでしょう。

少なくとも AIDS という疾患対策として今回の臨床実験が行われたとは考えにくいと思います。むしろ、研究者の「人体実験への欲望」の姿が見えてきます。この

場合は協力する被検者の人権保護が大きな課題になります。もちろん、自律的な決定が制限されている被検者（囚人など）を対象に選んだとか、夫婦に多額のお金を払って同意させたとか、体外受精の過程で夫婦に秘密裏に操作を行った場合は、「自律原則の強い侵害」と見なされるでしょう。また、なんらかの目的のために「超人類」を作るとか、ゲノム編集技術を推進させる国家的プロジェクトなどを背景に実験が行われた可能性も否定はできません。これも個人の自律原則の無視と見なされ、強い批判を受けることは確実ですが、国家を背景とした話となると過去の暗い時代につながる話になります。ジュネーブ宣言に基づいて活動するわれわれ医療従事者の倫理的な役割はそこにあるのです。

（付記：後日の報道では、同時にゲノム編集を受けた妊娠は複数あったそうです。ますます研究目的あるいは組織的な実験の「臭い」がします。）

2）無加害原則による議論

　この議論はゲノム編集技術の安全性の評価が議論の中心になるでしょう。動物実験では成功しているとは言え、医療に応用するまでには十分な検証が必要です。正義原則で解説しますが、今回のニュースでは「ゲノム編集」という言葉しか報道されていません。ゲノム編集は「遺伝子組換え技術」の一つに過ぎないのです。今回は、その技術を受精卵を操作する「クローン技術」に応用した点が倫理的には最も大きな問題なのです。遺伝子組換え食品は皆さんも日常的に食べておられるでしょうし、同じ技術で作ったiPS細胞は今後の臨床応用が強く期待されています。「クローン技術」に目を向けなくてはなりません。この技術は、現時点ではまだ安全性は確認されていないというのが医療の立場からは常識です。慎重な研究者の中には、ゲノム編集の医療への応用（クローン技術を含む）は「世代を越えた安全性の確認」が必要という意見もあります。今回の事例の技術的完成度の背景が不明なので判断はできませんが、生命科学の立場からは「遺伝子情報は操作できても、その発現についてはまだ不明な点が余りに多い」のが実情です。研究は個人の興味や秘密裏に行うのではなく、透明性を確保したうえで慎重に行われねばなりません。この事例では、研究の「加害行為」を予防するための対策が十分に配慮されていたとは考えにくいという結論になると思います。ゲノム編集とは関係なしに、出産までに色々な先天異常が発生する可能性がありますが、今回のような科学操作が「親が自分の子どもの障害や不利益に対して受容困難になる」潜在的要因になることがあります。

また、生命科学と倫理学を研究する立場から、強調しておかねばならないことがあります。ゲノム編集技術の「人類全体に対する害」の可能性です。体細胞へのゲノム編集の効果は患者個人のレベルに限定されます。しかし、受精卵へのゲノム編集は世代を越えて人類集団全体に影響します。

もう10年以上も昔のことですが、私はある学会の講演で「ゲノム編集技術を手にしたわれわれは生命の進化を操る技術を獲得した」という講演者の声を聴きました。この意見については、私は内心で「何を馬鹿なことを言っているのだ」と思いました。遺伝子変異は進化の原動力の一つかもしれません（少なくとも初期のダーウィニズムではそう考えられました）。しかし、生物進化の歴史の中で、一つの遺伝子変異が種を越える進化の原因になった例は見つかっていません。20世紀の地球規模の人類人口の爆発的な増加は未来人の目からは「何かの遺伝子変異が原因では」と思われるかもしれませんが、そうではありません。人類集団の部分的な絶滅や漸進的な適応変化の背景に遺伝子変異が影響している可能性は否定できませんが、種を越えるような進化の原因はまだ謎なのです。もともと個々の遺伝子はあらゆる方向に向かって突然変異を起こす力をもっています。生殖細胞ができる段階でそれこそ無数の突然変異は生じているのです。人類の多様性の原因です。AIDSは人類を滅ぼすとまで言われましたが、AIDSに感染しない遺伝子変異をもった人間がいることもわかりました。ゲノム編集技術はもともとウイルスや細菌がもっていた機能を人間が利用したに過ぎません。ゲノム編集技術により遺伝子の組換えを自由にできるようになったから進化を操ることができると考えるのは研究者の「思い上がり」に過ぎないと思います。本書の他の場所で引用したグレッグ・ベア「ダーウィンの使者（ヴィレッジブックス）」は人類の進化に直面した人々の困惑を描く面白いSF小説ですが、研究者は生命の尊厳を貴ばねばならないことを教えてくれます。

進化の問題はさておき、世代を越える遺伝子変異が多数の人々の健康に影響を及ぼすことは事実です。人間の生殖行動によって全世界に拡がるからです（AIDSもそうですが、性行為感染症の歴史を考えて下さい）。生殖細胞に対するゲノム編集技術の危険性はこの点にあるのだと理解して下さい。

3）善行原則による議論
受精卵の操作が善行かどうかの議論ですが、今回の操作が関係者にどのような利

益をもたらしたか議論するとわかりよいと思います。母体が AIDS ウイルスに感染していて、母子感染を予防できるとしても、その他の有効で安全な方法があるので、ゲノム編集技術を積極的に選択する理由にはなりません。検査を受ける側の利益はあまり見つからないというのがこの事例の特徴です。「技術を完成させて人類の幸福をめざす」という研究者側の選好あるいは善行を強調したとしても、先程の自己犠牲的なエピソードやもっと重篤な疾患の回避など、他のもっともな理由がない限り、社会的な同意を得ることは難しいと思います。

4）正義原則による議論

　この事例は新しい医療を受けた夫婦、および操作を行った研究者の双方の立場を自律原則、無加害原則、善行原則から個別に議論しても社会的に同意を得る方向性は見つからないような気がします。「研究を成功させねばならない国家的な圧力があった」、「商業主義的な背景が研究を推進させた」、「研究者の個人的選好が背景」などの理由のように、「疾病に悩む患者の救済」や「人権重視の視点」とは離れた背景を疑わせるようなイメージが強いのが事実です。

　今回の事例のゲノム編集は「ヒト受精卵を対象とした遺伝子の改変や治療の技術」ですので、歴史的には「クローン技術」という形で対応されてきました。イギリスのワーノック委員会（1982 年）は受精後 14 日以降の胚操作は人間としての尊厳をおかす行為となる可能性があると報告しました。わが国では、その報告を尊重して「ヒトに関するクローン技術等の規制に関する法律（平成 12 年 法律第 146 号、施行平成 13 年）」等により運用されてきました。わが国の法律の特徴は、「人工受精や胚移植、着床前診断のレベルはクローン技術ではない」とされ、現在のわが国の体外受精技術の普及に大きく寄与しました。しかし、体外受精技術があまりに一般化したため、クローン技術との境界がわかりにくくなり、初期胚の遺伝子治療や外来遺伝子の導入については「議論が尽くされないまま」になっているように感じます。また、規制に積極的な文部科学省と産業育成の面を重視する経済産業省では考え方に温度差があるとの指摘も聞かれます。ゲノム編集技術が普及してからは、内閣府に設置された専門調査会の議論を経て内閣府総合科学技術・イノベーション会議が「『ヒト胚の取り扱いに関する基本的考え方』の見直しに関わる報告〜生殖補助医療研究を目的とするゲノム編集技術等の利用について〜」を発表しましたが、アメリカの方針と同様に、「臨床研究は（当面は）規制する」が「基礎研究は

指針のもとに行う」というスタンスです。イタリアなどカトリック教国では「受精の瞬間から人間としての尊厳」が宿るとされ、着床前診断もできない国があります。ドイツ、イギリス、フランスなどヨーロッパのほとんどで「ヒトのクローン技術の研究」は法律で禁止しています。この方面の研究の盛んなアメリカや中国でも「ヒトの受精卵のクローン技術の臨床応用」は法律で禁止されています。臨床現場はもちろん、研究のレベルでも、先進国の多くはクローン技術の人間への応用はきわめて厳しい規制を課しています。わが国も含めて、しっかりした研究機関では研究倫理委員会などの施設管理規制が厳しいので、事例のような出来事が起こることは考えにくいのですが、今回の中国での事件で明らかになったように、今後は技術の拡散によって、クローン技術を大学や研究施設の管理下に押さえ込むことは難しくなっていくでしょう。特に日本のように生殖医療技術が民間において商業主義を背景に普及した国ではその危険が予測されます。今回の事例では当事国の大学の管理体制や国の姿勢が問われることになると思われますが、他国の出来事として見るのではなく、私たちの社会の倫理体制を見直すきっかけにする必要もあるでしょう。

　特にわが国は体外受精技術の先進国です。技術の拡散は止めようがありませんし、「不妊に悩む夫婦の救済」という錦の御旗と商業主義を背景に、わが国の生殖医療は今後ますます発展するでしょう。わが国の年間出生数は 100 万人を切りましたが、なんと 10% 以上は人工受精で生まれているのです。自然の組換えに任すのではなく、人為的に「親の正常遺伝子を受精卵に入れてやるのは規制しなくてもよいのでは」とか、「人類の遺伝子なら許されるのでは」など人類のデザインベビー願望にどう歯止めをかけるかという問題になります。かつての優生思想は「劣悪な子孫を残さない」という消極的優生思想でしたが、今後は「良質な子孫を残す」という積極的優生思想の時代になります。もちろん、倫理的な考え方は時代とともに変わっていきます。人間の倫理行動がどうあるべきかは哲学の専門家に任せるとして、私は生命論的な倫理行動発生論の立場に立っています。医療人の立場からも、倫理規範のあり方そのものではなく、優生思想など社会の思想や動向がもたらす人類の不幸や不利益を防止することを最大目標にしています。そのための倫理分析技術であることを理解して下さい。

5）統合作業

　事例の内容が具体的にわからないので、総括することは難しいのですが、簡単に

内容をまとめておきましょう。

限られた情報から判断すると、夫婦がゲノム編集による受精卵の操作を希望した理由がよくわからない。エイズに罹患しない子どもを産みたいという希望は、たとえそれが夫婦の自律的な希望であっても、医学の立場からも社会の立場からも支持を得る可能性は低いと思われる。受精卵遺伝子のゲノム編集は明らかにクローン技術であり、もし研究者が多数の社会的利益につながる科学技術の進歩を目標としたとしても、ヒトの受精卵の遺伝子改変はヒト胚クローン技術の研究や実施に関する倫理規制や法律により厳しく管理されている現状がある。もし、規制を無視して施行された場合、ゲノム編集技術の臨床応用についてはまだ安全性が確立されていない現状からも社会的な支持を得ることは難しく、研究を管理する施設責任体制が問われることになろう。

おわりに－エピローグ

　本書の原稿を執筆していた最中の2018年の夏に日本社会医学会総会が栃木県の獨協医科大学で開催されました。その学会で、私は「医学概論と社会医学」というテーマで特別講演を依頼されました。医学概論は私の母校の大阪大学医学部で澤瀉久敬先生（1904〜1995、京都大学哲学科出身）がわが国で初めて講義を始められ、正式科目として採用された学問です。私は澤瀉先生が定年退官された年（1967年）に大阪大学で最後の講義を受け、ベルグソン哲学を背景とした医倫理学を学びました。もともと医学概論は「学際的な学問である医学」の背景にある基本思想について研究する学問で、現在では医療系教育機関の基礎科目として広く教育されています。

　私は看護大学に赴任した時、専門の生命科学に加えて医学概論の講義担当も命じられました。このために仲間と協力して医学概論の教科書を作ることを決意し、「学生のための医療概論（1版〜3版）」を出版しました。澤瀉先生とは違って、私は医師であり哲学は素人ですので、学生が現代医療に入っていくための実践的な基本概念をまとめることに専念しました。ただ澤瀉先生の影響か、科学主義の行き過ぎについては警鐘的な内容を盛り込むなど影響はぬぐえなかったようです。執筆を開始するにあたり、「今後20年の医療の発展」を見越した教科書の基本思想として「患者中心の医療」を掲げました。当時は専門学校や短大における看護教育が大学教育に移行しつつある時期で、わが国の医療はまだまだ「医師中心の医療」であった時代です。教科書には看護大学で私が担当させられていた生命倫理学の思想もふんだんに取り入れました。われわれの構想は的中して、「学生のための医療概論」は各地の教育機関で採用されました。

　この20年間にわが国の医療は大きく変貌しています。時代に合わせて現在、医学概論の教科書は全面改訂を計画しています。医学概論の教科書作りで重要なことは、これからの「20年後の時代」の予測です。年齢的に20年後の時代を確認する自信がないので、編集作業は若い先生方に交代しましたが、これからの20年間の医学や医療はどのようなものになるでしょうか。個人的分析ですが、一つは、これからの数十年間のわが国の人口減少が与える大きな影響を考えておく必要がありま

す。特に地方を中心に医療システムは大きな変貌を強いられるはずです。情報科学の発達や人工知能 AI は従来の医学の方法論を大きく変えていくでしょう。ただ、マンパワーを必要とする看護や介護分野では、外国人医療従事者の援助に頼らざるを得ないかもしれません。国際化はますます進むでしょう。しかし、災害の多い日本では、いざという場合に備えてハイテク機器に頼らない基本医療も準備しておかねばなりません。

　このような時代に医療をめざす若い学生にどのような基本思想で医学を教えるのかという課題です。ハイテク医学をめざす研究者の養成だけでは日本の医療はもたないと思います。基本的な医療技術が必須なことは今後も変わらないでしょう。これまでも高度先端医療が登場するたびに、現状の社会に新しい技術や思想が受け入れられるまでに生命倫理学が重要な役割を担ってきました。今後 20 年間のゲノム診断やゲノム編集の技術進歩は予防医学や治療医学の方法論を大きく変えることは間違いありませんが、ゲノム操作は人間の生命や尊厳の問題にも深く関わり、生命倫理学の重要性はますます大きくなるでしょう。しかし、AI の倫理判断能力は当分の間、人間には追いつかないでしょう。また、国際化を迎えて、今後、日本人の倫理観も大きく変貌するはずです。このような背景から、「20 年後のわが国の医療」をめざした教育において、医療従事者や医療を学ぶ学生に対する「生命倫理学の教育」はきわめて重要なものになるはずです。また AI の不得意分野として、「人間との対話」をあげることができます。「患者中心の医療」は今後もわが国の医療の基本思想として変わらないと思いますが、基本医療技術に加えて、倫理教育とコミュニケーション技術の習得は、これから医療をめざす学生の基本目標になることは間違いないと思われます。2018 年の夏の講演では、このようなことをお話してきました。

　「AI の倫理判断能力は当分の間、人間に追いつかない」と述べた根拠について私の意見を述べておきます。科学文明の発達、特に現代の情報科学の発展は世界のグローバル化を強力に進めてきました。もともと人間の倫理観は政治、経済、地誌的背景、文化、宗教などの違いに原因して、国々で異なりますが、基本的倫理観が世界のグローバル化に伴い、国際化してきたことは本書でも述べてきたとおりです。私も、世界平和のためにもグローバル化は理想的な方向性と考えています。しかし、国々の経済力や文化の違いはグローバル化の途上で色々な支障をきたすことも事実です。また、これまでは国々の貧富の差など経済力や文化の違いが、爆発的に

増加した世界人口をなんとか支える要因になっていたのですが、完全にグローバル化して均一な地球社会になった時、世界人口を地球資源が支えられるかどうかということも危惧されています。またグローバル化の途上で、地域社会の均衡が一時的に崩されることもあり、一部の国のように自国優先主義が出てくることもありえます。今後しばらくは混乱の時代が続くことは確かでしょうが、私たち日本人は敗戦で経済力を破壊されたうえに相対的な過剰人口を抱え、さらに欧米的な価値観の流入という大きな変革を乗り越えた経験をしています。その体験からも人類は色々な困難を乗り越えながら、世界はグローバル化に向かうことができるのではないか、と私は希望的に考えています。AI は過去の実績の蓄積データから未来を予測するのは得意ですが、データベースになる個々の社会集団の倫理判断が異なる変動の時代には、すべての人間が納得できる普遍的な判断を提供するのは困難だと考えられます。ドイツで最も優れているといわれる AI が「ホロコーストは正しかった」という結論を出したとか、「共産党独裁を悪」と結論づけた中国の AI のニュースが過去にはありました。私たちは個々の人間の価値観を尊重したうえで、唯一普遍的な倫理規範は存在しないという前提のうえに「直面した個々の倫理分析を行う」ことができるのです。人間はコンプライアンスの幅が AI より大きいと考えてもよいと思います。

　看護教育においては、生命倫理学が大学教育の重要課目として取り入れられ、現在では専門学校や短大も含む多くの看護系教育機関で講義されています。一方で、医学教育の現場ではこれまで医学概論の中で医倫理が講義されてきた経過もあり、生命倫理学は必須科目になっていません。医学概論は全国の医学部で講義されていますが、その内容は教員の持ち回り講義による「医学への招待」的な講義が少なくなく、生命倫理学が正式に講義されている大学は少ないのが現状です。

　何度も繰り返しますが、情報科学のすさまじい発達を背景に、世界の異文化がはげしく摩擦を繰り返しながらグローバル化に向かっている現状があります。医療の現場でも情報科学の発達と生命科学の発達は医療の方法論を変えようとしています。もしかしたら私たち現代人類はダーウィニズム的な進化の「真只中」にいるのかもしれません。弱肉強食など力の論理を背景にした自然淘汰に身を任せるのではなく、「これまで人類の歴史では優れた倫理行動をもった社会が生き残ってきたのだ」と信じたうえで、より良い社会を構築するよう努力すべきではないでしょうか。先人の知恵と経験を背景に構築された生命倫理学を学習する目的はそこにあると思

います。医療の現場で国民のオピニオンリーダーとなる医療従事者の養成課程で生命倫理学の教育環境を整えていただきたい理由です。

　我田引水になりますが、毎日の現場で倫理的な課題に直面している遺伝カウンセラーの皆さんには指導的な立場で生命倫理学を論じることができるようになって欲しいという気持ちから、わが国で最初に遺伝カウンセリング学の修士・博士課程を設置したお茶の水女子大学の室伏きみ子学長に本書の推薦文を書いていただきました。

　以上、今後の予測とわが国の医療従事者教育における対応について私見を述べたところで、稿を終えたいと思います。

● 参考文献 ●

1) 今井道夫：生命倫理学入門，産業図書，1999.

2) 今井道夫，香川知晶：バイオエシックス入門（第二版），東信堂，1999.

3) 厚生省健康政策局医事課（編）：生命と倫理について考える－生命と倫理に関する懇談報告，医学書院，1985.

4) 千代豪昭：医療従事者と生命倫理・倫理的判断力を高めるために．学生のための医療概論第3版（増補版），251-258，医学書院，2012.

5) Singer & Helga Kuhse：Should the babies be killed? The Problem of Handicapped Infants. Studies in Bioethics, Oxford Univ Press.

6) T. L. ビーチャム（立木教夫，永安 幸 監訳）：生命医学倫理のフロンティア，行人社，1999.

7) H. T. エンゲルハート，他（加藤尚武，飯田宣之 編訳）：バイオエシックスの基礎－欧米の生命倫理論，東海大学出版会，1988.

8) クリスチャン・ド・デュープ（植田充美 訳）：生命の塵－宇宙の必然としての生命，翔泳選書，1996.

9) マイケル・J・ベーエ（長野 敬，野村尚子 訳）：ダーウィンのブラックボックス，青土社，1998.

10) ルーカ＆フランンチェスコ・カヴァーリ＝Sフォルツァ（千種 堅 訳）：わたしは誰，どこから来たの－進化にみるヒトの「違い」の物語，三田出版会，1995.

11) スティーヴン・ジェイ・グールド（櫻町翠軒 訳）：パンダの親指－進化論再考（上・下），早川書房，1996.

12) スティーヴン・ジェイ・グールド（浦本昌紀，寺田 鴻 訳）：ダーウィン以来，早川書房，2001.

13) フランシス・ヒッチング（渡辺政隆，樋口広芳 訳）：キリンの首－ダーウィンはどこで間違ったか，平凡社，1986.

14) J・フィリップ・ラシュトン（蔵 琢屋，蔵 研也 訳）：「人種，進化，行動」，博品社，1996.

15) クリストファー・ウィルズ（中村 定，山本啓一 訳）：シャーロック・ホームズ，ヒトゲノムに出会う，ダイヤモンド社，1994.

16) リチャード・ドーキンス（日高敏隆，岸 由二，羽田節子，垂水雄二 訳）：利

己的な遺伝子，紀伊国屋書店，1991.

17）千代豪昭：人間の「いのち」を考える－人類遺伝学，遺伝臨床，生命倫理学の立場から，メディカルドゥ，2018.

18）阿部次郎：三太郎の日記（合本・第44版），角川書店，1964.

19）西田幾多郎：善の研究（第37刷），岩波書店，1968.

20）三木 清：人生論ノート（第35刷），新潮社，1967.

21）木全徳雄：荀子（5版），明徳出版，1995.

22）M. ウェーバー（木全徳雄 訳）：儒教と道教（第11刷），創文社，2005.

23）マルクス・ガブリエル（清水一浩 訳）：なぜ世界は存在しないのか，講談社，2018.

24）マイケル・サンデル（鬼澤 忍 訳）：これから正義の話をしよう－いまを生き延びるための哲学，早川書房，2011.

25）近藤弘美：優生法にみられる日本人の倫理観，第7回国際日本学コンソーシアム「多文化共生社会に向けて」，お茶の水女子大学，2012.

26）米本昌平，松原洋子，木勝（ぬで）島次郎，市野川容孝：優生学と人間社会，講談社現代新書，2000.

27）日本人類遺伝学会「遺伝相談ネットワーク委員会報告資料（半田順俊，大倉興司，松田健治）認定遺伝カウンセラー制度委員会ホームページ
http://plaza.umin.ac.jp/~GC/

28）松田一郎（監修），福島義光（編集）：遺伝医学における倫理的諸問題の再検討（Review of ethical issues in medical genetics - WHO/HGN/ETH/00.4），日本人類遺伝学会（非売品），2002.

29）佐治守夫 編：カウンセリング（ロジャース全集2巻）．岩崎学術出版社，1966.

30）伊東 博：クライエント中心療法の評価（ロジャース全集17巻），岩崎学術出版社，1966.

31）千代豪昭：カウンセリング技術－クライエント中心型の遺伝相談，臨床遺伝研究 5, 89-99, 1983.

32）千代豪昭：遺伝カウンセリング－面接の理論と技術，医学書院，2000.

33）千代豪昭：倫理分析技術から見た遺伝カウンセリングにおける倫理的諸問題．クライエント中心型の遺伝カウンセリング，209-238, オーム社，2008.

34）千代豪昭：倫理分析の実際．遺伝カウンセリングハンドブック（福嶋義光 編），266-267, メディカルドゥ，2011.

35）福島義光（監修），玉井真理子（編集）：遺伝医療と倫理・法・社会，メディカルドゥ，2007.

36）玉井真理子：臨床心理士の立場から考える遺伝カウンセリング，お茶の水女子大学大学院人間文化研究科特設遺伝カウンセリングコース設立記念シンポジウム，茶論「遺伝カウンセリングの未来」，Ochanomizu Academic Association NPO（滝澤公子），2006.

37）河合 蘭：出生前診断－出産ジャーナリストが見つめた現状と未来，朝日新書，2015.

38）千代豪昭：国境を越える生殖医療－われわれはいかに対応すべきか，学術の動向 10（5），20-25，2005.

39）船戸正久：ターミナルケアの課題（尊厳死とホスピタルケア），学生のための医療概論第3版（増補版），275-286，医学書院，2015.

40）神里彩子：ゲノム編集と生殖医療 －「ヒト受精胚に遺伝情報改変技術等を用いる研究に関する倫理指針（案）」策定までの経緯と概要，遺伝子医学 27 号，51-56，2019

41）千葉紀和：ゲノム編集と世論，遺伝子医学 27 号，57-62，2019

42）澤瀉久敬：医学の哲学，誠信書房，1971.

43）三宅岳史：ベルグソン哲学と科学との対話，京都大学学術出版会，2012.

索引

著者プロフィール

千代豪昭（ちよ ひであき）

元お茶の水女子大学教授
日本人類遺伝学会名誉会員（臨床遺伝専門医）

＜略歴＞

1963 年　東京都立日比谷高等学校卒業

1971 年　大阪大学医学部卒業

1973 年　神奈川こども医療センター遺伝染色体科

1975 年　兵庫医科大学遺伝学講座（助教授）
　　　　　中央診療部門臨床遺伝部主任（兼務）

1978 年　西独キール大学小児病院細胞遺伝部（フンボルト留学）

1984 年　金沢医科大学（助教授）
　　　　　人類遺伝学研究所臨床部門主任 兼 人類遺伝学講座主任助教授

1987 年　大阪府環境保健部（保健所長）、府立看護大学設立準備室（副理事）
　　　　　大阪府医師会勤務医部会副会長（2 期）

1994 年　大阪府立看護大学看護学部教授（学部・修士課程・博士課程）
　　　　　（講義科目：医学概論・公衆衛生学・生命科学・生命倫理学・臨床遺伝学）

2004 年　お茶の水女子大学人間文化研究科大学院（教授）
　　　　　遺伝カウンセリングコース（修士課程）、遺伝カウンセリング講座（博
　　　　　士課程）

2012 年　南相馬市立総合病院放射線健康カウンセリング室（室長）

2013 年　クリフム夫律子マタニティクリニック（副院長）
　　　　　現在に至る

学会・教育活動

小児科医、学会認定臨床遺伝専門医（指導医）、日本人類遺伝学会名誉会員・日
本遺伝カウンセリング学会評議員、獨協医科大学特任教授、複数の大学・助産
課程非常勤講師

主な著書

「学生のための医療概論1～3版（医学書院）」、「遺伝カウンセリング・面接の理論と技術（医学書院）」、「クライエント中心型の遺伝カウンセリング（オーム社）」、「遺伝カウンセラーのための臨床遺伝学講義ノート（オーム社）」、「小児在宅医療ケアマニュアル（大阪府医師会 編）」、「遺伝カウンセラー、その役割と資格取得にむけて（真興交易）」、「放射線被曝への不安を軽減するために・遺伝カウンセリングの専門家が語る放射線被曝の知識（非売品：NPO法人遺伝カウンセリング・ジャパン、日本認定遺伝カウンセラー協会、日本遺伝カウンセリング学会 編）」、「放射線被ばくへの不安を解消するために・医療従事者のためのカウンセリングハンドブック（メディカルドゥ）」、「弓随想・弓道愛好家がアーチェリーを理解するために～弓の文化論～（メディカルドゥ）」、「人間の「いのち」を考える－人類遺伝学、遺伝臨床、生命倫理学の立場から（メディカルドゥ）」

趣味：アウトドアライフ、アーチェリーと弓道、フルート

Eメールアドレス：chiyo.hide-aki@qa2.so-net.ne.jp

MEMO

MEMO

生命倫理学を学ぶための副読本

私の生命倫理学ノート
－医療現場における倫理分析の原理と演習－

定　価：本体 3,500 円＋税

2019 年 3 月 20 日　第 1 版第 1 刷発行

〒 550-0004 大阪市西区靱本町 1-6-6　大阪華東ビル
TEL　06-6441-2231　FAX　06-6441-3227
E-mail　home@medicaldo.co.jp
URL　http://www.medicaldo.co.jp
振替口座：00990-2-104175

著　　者：千代　豪昭
発 行 人：大上　　均
発 行 所：株式会社 メディカル ドゥ

印　　刷：根間印刷株式会社

©MEDICAL DO CO., LTD. 2019 Printed in Japan

ISBN978-4-909508-01-0